Knowledge BASE 系列

一冊通曉 生命是科技發展的原點、也是終極目標

圖解 # 生命科學

更新版

李銘杰等 著
楊健志 審訂
台灣大學生化科技學系教授

認識生命科學，開展生命的疆界

文◎楊健志（台灣大學生化科技學系教授）

好奇心是進入生命科學的敲門磚

生命是什麼？生命的祕密是什麼？問過這些問題嗎？物理學家薛丁格（Erwin Schrodinger）在二次大戰期間的一系列演講中問了「生命是什麼？」這個問題。薛丁格注意到生物能維持生物體內高度的「秩序（order）」，由細胞規則排列組成生命個體是一項降低亂度的工作，然而這卻與熱力學第二定律說明宇宙亂度持續增大的概念明顯有所衝突，因而引發他對「生命究竟是什麼」的好奇。同樣地，英國分子生物學家馬克斯・佩魯茨（Max Perutz）也是懷抱著尋求生命的祕密是什麼的熱情，並猜想生命的祕密必定藏在負責控制體內生理運作的蛋白質分子中，而展開他的生命研究之旅。

一直以來，科學家們致力於觀察、歸納，不斷地發問、並且不輕易接受答案，其中即展現出了無比的好奇與熱情，這也是任何科學能有今日豐碩成果的原因。同樣地，過去科學家自發現生命體是由細胞所組成後，細胞中的各式化學反應隨即成了另一個好奇心的開端，吸引其他的科學家接踵投入研究。若進一步推究動力的來源，便會發現這就是生命的魅力所在，不斷驅使人類產生無止盡的好奇心，讓生命科學得以被促成及長足發展。因此如果想了解生命是什麼，體會那令人著迷的生命研究之旅，就先從熱情地感受生命、擁有追問生命的好奇心開始吧！

以「生命」為核心整合多元專業

站在巨人的肩膀上可以看得更遠。在過去探索生命成果的累

積下，近五十年來科學家已有了前所未有的工具，像是能夠解讀遺傳密碼（DNA分子序列）、分析體內控制各式生理運作的大分子蛋白質的方法等，可研究生命從那裡來，及呼吸、運動、生殖等生命現象運行的祕密，甚至連神經如何運作以做為「記憶」的基礎都已成為研究的目標，這其中的發展有許多是過去的人們連想都想像不到。

　　隨著人類逐漸從探索生命、看見生命所蘊藏的價值，進而了解生命有更多的可能，現代的生物學可以說已成熟為一種「大科學」，幾乎最先進的科學與技術的發現及發明，都被使用於生物科學或生命科學的探索。而應用於生命科學研究的工具，多半也並不只是由生物學家獨立發展出來的。例如，美國科學家華生（James Watson）與克立克（Francis Crick）在建立遺傳物質DNA（雙股去氧核糖核酸）雙股螺旋模型時，實驗中所利用的結晶學原理基本上是在著名的卡文迪西實驗室（Calvendish Lab.）所建立，這個實驗室出了許多貢獻卓著的物理學家，如拉塞福與布拉格等。另外，現在能方便快速鑑定控制體內生理反應的蛋白質，很大一部分建立於日本電氣工學學士田中耕一先生對質譜儀進行深入研究與改良，這項發明也使他獲得了諾貝爾獎。這些研究成果都是借重其他相關學科如物理學、化學、工程學等所發展出來的方法學與儀器設備，才得以實現。因此倘若這些具專業背景的人才也兼具有生命科學的學科素養，生命科學知識的進展將有令人興奮的新發現，一來有可能促成「生物科技」的創新發展，二來也讓這些工具更具應用價值。

人類面臨的生存問題有賴「生命科學」做為解決基礎

　　現在，大學中的基礎生物課程，或較為進階的生物化學等課程的教室中，具工程、資訊背景的同學已不希奇，地理系、地質

系、法律系、會計系的同學也時有所見。有了不同領域背景的人來學習生命科學，必定能融合所學創造更多可能的發展，也能解決更多衝突和問題。例如我們關心地球暖化的問題，若能透過有生命科學基礎的地質研究學者觀察與研究，便可了解到生存於極端環境如溫泉的生物、與生存於溫和環境下的生物之間的差別，反映出在地球變遷的歷史中，地球的溫度其實已經升降許多次，進而推論出生物對抗種種的逆境如高溫等早有經驗，使生物得以在高溫下存活的基因其實已經存在於這些生物體內，就待我們去發現，這些知識都有可能提供生物永續發展的基礎。

此外，人類的永續發展還面臨能源及糧食安全的問題，也能從生物學的角度來解決。其實我們所利用的能源及糧食都是綠色植物轉化太陽能為化學能的產物，怎樣善用每天植物產生的化學能正是永續發展的解決方案之一。除此之外，一定還有更多能結合現代生物科技與生命科學以興利厚生的做法，因此，無論所學為何，生命科學已是身為現代人不可不知的基礎知識。千萬不要認為生命的樣貌就如過去科學家所發現的而已，複雜多樣的生命現象總讓人意想不到，只要存有好奇心，生命科學的大發現時代便能隨即展開，你的好奇心和發想很可能會為地球和人類的永續帶來希望。

生命科學與數學、物理學等學科一樣，都是一門基礎科學，但生命科學已從過去所建立的知識基石，走入了更細微的生命世界，具有更廣泛的應用層面。本書彙整生命科學的基礎概念，帶領讀者進入生物起源、生成、變化的時光隧道，窺探這歷經數百年的生命科學發展，看科學家如何將好奇心轉化為探索生命的動力，建立生命科學基礎概念，並加入近年來研究發展的情形，讓初學者得以全面性地了解生命科學，並從溫故知新中領略生命的潛力以及生命科學所帶來的無限希望。

Chapter 1
生命科學基礎概念

Chapter 2
生命的基本構造──細胞

contents 目錄

Chapter 5
生命的延續：生殖與遺傳

contents 目錄

Chapter 8
生物的分類

Chapter 9
現代發展──生物科技

Chapter1
生命科學基礎概念

人類透過科學的方法尋找生命的源頭、試圖了解「生命是什麼」，建構出「生命科學」做為探索一切生命現象的基礎學科。並從過去累積數百年的研究至今，其成果不僅已奠定生命科學的基礎，不同生命現象的發現更是不斷開啟生命研究的新方向，像是發現遺傳、演化等現象，以及解開DNA分子結構等，都讓人開始以不同的角度來思考和感受「生命」，從而與科技融合應用於人類生活中。

學習重點

∙∙ 生命是什麼？
∙∙ 什麼是「生命科學」？
∙∙ 生命具有什麼特質？
∙∙ 生命從哪裡來？
∙∙ 生命科學的研究內容有哪些？
∙∙ 過去至今，生命科學研究的發展情形？
∙∙ 生命科學中關注哪些議題呢？

生命與生命科學

自古以來人類對與自身相關的事物最感興趣，例如人類從何而來？人為什麼會生病？為什麼有其父必有其子？…等等這些令人納悶又有趣的「生命」問題。「生命科學」即是以科學方法探索與生命相關的各種議題，藉以尋求生命的真相。

有「生命」之物

對於生命，科學家不斷從不同的角度來解釋和定義。奧地利科學家薛丁格曾說，生命是生命密碼的儲藏室，能藉由繁衍而代代相傳，如小嬰兒（個體）的誕生或者細菌的分裂複製都是生命延續的現象等；而日本科學家福岡伸一則曾說，生命是能感受到「動態」的生物，說出生命除了會繁衍，還會進行代謝，維持著物質不斷進出的現象等。總體來說，可知生命是「活」的物體，具有能存有遺傳物質的軀體框架，能表現出生殖、遺傳等現象，並且能不斷攝食供應體內養分，並將不要的廢物排出體外，維持穩定的循環代謝等，這些都是有生命的物體才具有的現象，稱為「生命現象」，而一個物體若能表現出這幾種生命現象才可稱之為「生物」。

什麼是生命科學

人類對於未知的事物都有強烈的好奇心，而複雜又奧妙的生命更是積極探索的目標。生命科學正是利用科學方法來研究一切與生命有關的學問。生物所展現的各種生命現象，包括能夠代代繁衍、生長、適應，甚至是思考和學習等，都是「生命科學」的研究對象。使用「科學方法」來進行研究，則是為了求得可供反覆驗證的結論，使結論更具公信力，成為揭開真相的有力證據。

科學方法是指以具有邏輯推演的步驟，來尋找證據的過程，舉例來說，每當肚子痛的時候，便想為什麼會肚子痛？而展開一連串的邏輯推演：①深入觀察：肚子好痛。②發現問題：為什麼會肚子痛呢？③提出假設：是食物中毒嗎？。④設計實驗，並且重複測試，以求得相同的結果，如：詢問很多有吃過相同便當的人是否也有肚子痛的現象。最後，⑤提出結論：吃過相同便當的人都沒事，所以不是食物中毒。當結論與假設不符時可再回到步驟三，重新進行另一個假設：會不會是腸胃炎？來找出最終真正的原因。因此按照科學方法中的步驟及重複試驗，不僅可取得更禁得起驗證、更具說服力的結論和證據，亦可隨著研究過程的開展呈現出各種生命的真相。而研究成果累積至今，不僅能讓人類更了解生物的各種生命現象，亦能整合應用於人類的疾病治療和預防、糧食增產、延長壽命…等，適用於生態的經營維護、或是解決溫室效應、全球暖化等環境問題等與人類生存切身相關的領域，而這也正是人類一直以來努力於探索生命的理由。

生命科學的定義

生命科學
運用科學方法來探究一切與生命有關的學問

研究緣起

人類對生命的好奇心

- 人類從何而來？
- 為什麼會生病、呼吸…？
- 為什麼有其父必有其子？

⋮

方法

科學方法
以邏輯推演的步驟尋求證據、答案的過程。

 Step1 深入觀察
例 肚子好痛

Step2 發現問題
例 為什麼會肚子痛呢？

 Step3 提出假設
例 是食物中毒嗎？

 Step4 設計實驗
例 詢問很多有吃過相同便當的人是否也有肚子痛的現象？

 Step5 提出結論
例 吃過相同便當的人都沒事，所以不是食物中毒。

若與假設不符，重新設計假設

研究對象

與生命有關的事物

如具有生命的物體—生物，能展現以下的生命現象：

- 能呼吸
- 睡覺
- 能運動
- 能代謝
- 能生殖

⋮

找出證據，說明真相

藉由科學方法，解答對生命的種種疑惑。

生命的特質

生命以千變萬化的型態存在，包括動物、植物、微生物等，但其中又有許多共同特質，諸如每一個生命體必然是有秩序的組成、並且規律地運作著，都會繁殖、生長，必須自外界攝取養分，以及因應外界變化而反應等。生命體便是在共同特質上發展出各自獨特的生存方式。

生命的五項特徵

生命個體共同具有的生命特質包括下列五大特徵：

①**由細胞組成**：生命的組成具有一定的秩序和運作規律，其皆由生命的最基本單位─細胞，以一定的順序排列形成組織，再由幾個功能相同的組織結合成為器官。有些生物可以由幾個器官即形成生命個體，如多數的植物；有些生物可將幾個功能相同的器官再組成系統，形成較複雜但井然有序的個體，如大部分的動物。無論是什麼樣的組合形式，生命個體都是透過細胞→組織→器官→系統、由簡單朝向複雜結構。

②**繁衍**：生物均有繁衍後代的能力。雖然不同的生物種類，分別有著適合族群生存的繁衍方式，例如有些生物一次能生產多個個體，藉此使更多的子代存活下來，像是孔雀魚單次便能產下數百個子代；而有些生物每次僅能生產少數的個體，例如多數的哺乳類動物。不同的生物繁衍後代的方式互異，但同樣都具有生殖能力，使其族群得以繁衍、代代延續。

③**生長和發育**：生命是一個持續變化的過程，它們會進行生長和發育。生長是指生命起初從一個細胞，逐漸分裂成兩個細胞、四個細胞等，以增加細胞的數目或是增加細胞的體積，最後發展成一個完整的生命個體。而發育則是細胞經過一連串的分化、組織，使器官功能變得成熟，以維持生活的機能。

④**消耗能量**：生命的維持需要消耗能量，就像汽車要動需要有汽油一樣。多數的綠色植物可以透過光合作用合成所需的養分，產生能量。另外，動物無法自行製造能量，養分必須從外在環境中攝取，藉由不斷地進食補充營養和能量以維持生命。

⑤**對於外界的刺激有反應**：生物能夠接收外在環境變化的刺激，並且適度地做出反應，這也是生物存活的必要條件。生物體利用不同型式的「受器」，接收外界的訊息，也就是具有感受外在環境變化的能力，並且做出適度的反應和動作，例如動物的體溫調節，當感覺到冷，身體會以顫抖的方式產生熱以維持體溫。另外，植物最明顯的反應就是對光的需求，當植物感受到陽光的照射，便會朝著光線的來源方向生長。

生命的共同特徵

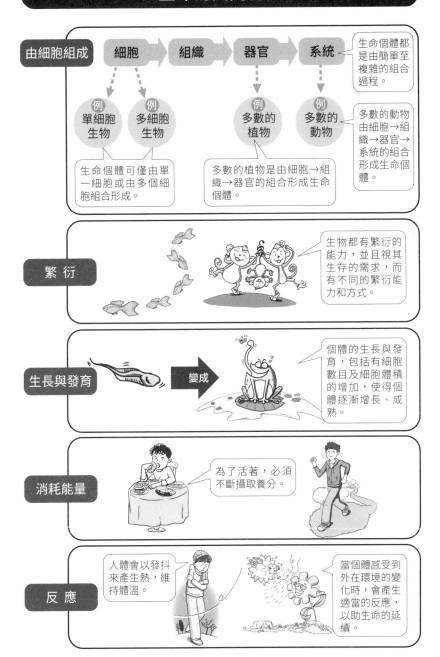

由細胞組成

細胞 ➔ 組織 ➔ 器官 ➔ 系統

生命個體都是由簡單至複雜的組合過程。

例 單細胞生物

例 多細胞生物

例 多數的植物

例 多數的動物

生命個體可僅由單一細胞或由多個細胞組合形成。

多數的植物是由細胞→組織→器官的組合形成生命個體。

多數的動物由細胞→組織→器官→系統的組合形成生命個體。

繁衍

生物都有繁衍的能力,並且視其生存的需求,而有不同的繁衍能力和方式。

生長與發育

變成

個體的生長與發育,包括有細胞數目及細胞體積的增加,使得個體逐漸增長、成熟。

消耗能量

為了活著,必須不斷攝取養分。

反應

人體會以發抖來產生熱,維持體溫。

當個體感受到外在環境的變化時,會產生適當的反應,以助生命的延續。

生命的起源

自古以來，人類對於生命的起源說法各異，十八世紀以後，科學家試圖用實驗的方式說明生命的起源，至今人類仍不減對於生命起源探索的熱情。

生命從哪裡來

　　生命從何而來？一直是人類長久以來的疑問。過去中國的神話裡提到盤古開天、女媧造人，意指生命是由神所創造；而在西方的宗教信仰中亦提到萬物是由上帝所創造。人類亦猜想地球上的生物可能是源自於外太空，由具有高等智慧的外星人攜帶至地球上…等，雖有諸多說法，但多屬想像臆測。

　　思索生命起源的理論最早可追溯至古希臘時期，哲學家亞里斯多德所提出的「自然發生論」或「無生源說」。他藉由對自然環境的觀察，提出魚是由河中的淤泥和礫石所發育而來的，因此認為生命可以在無生命的環境中自然發生，猶如古人所說的「腐草化螢、腐肉生蛆」之現象。此說法提出後便成為當時主流的論點。其後的一千多年間，人們藉由著觀察自然環境，普遍相信生命是可以自然發生的，但卻一直缺乏強而有力的實驗證明。直至一六六八年，義大利醫師雷迪才開始採取科學方法進行實驗，並且提出了生源說，而使得生命的起源有了新的註解。雷迪為了確認生命能自然產生，他利用幾個乾淨的空瓶，將其分成兩組，先在所有瓶中放了死魚、生牛肉等，而後在第一組瓶子上用紗布蓋住，隔絕空氣以外的物質進入瓶中；第二組瓶子則不加蓋直接接觸外在的空氣。以此觀察數天後，結果發現在第二組瓶子中有生蛆和產生蒼蠅的現象，但在第一組瓶子則完全沒有任何蛆或蒼蠅的存在。雷迪藉此實驗提出了「生源說」，解釋生命皆是由原有的生物繁殖而來，不可能是自然發生的，推翻無生源說之論點。

無生源說與生源說爭執不休

　　然而，在一六八三年荷蘭科學家雷文霍克以顯微鏡觀察發現水窪中的水具有微生物後，又再度挑起無生源說與生源說之間的爭論。隨後英國生物學家尼丹嘗試將肉汁和小麥汁中的微生物殺死，將其煮沸後再倒入空瓶內進行實驗。如同雷迪的做法分為兩組：一組封口，另一組則不封口，待靜置數日後，卻仍發現兩組瓶子內皆具有微生物的存在，此結果似乎為無生源說提供了證據，證明了生命能自然產生。

　　一八六四年法國的微生物學家巴斯德則是利用鵝頸瓶重新進行類似的實驗。他將水加入鵝頸瓶中加熱煮沸。因鵝頸瓶瓶頸特殊的構造，水蒸氣會於瓶

生命的起源

古希臘時期

無生源說

生命是由無生命的自然環境形成。

例 古希臘時期亞里斯多德對自然環境的觀察所下的結論。

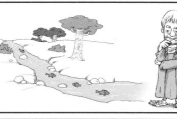

魚是由淤泥和沙礫發育而成的！

亞里斯多德

十七世紀

生源說

腐肉不可能自己長出蛆！

雷迪

生命是由原有的生物繁殖而來。

例 1668年義大利醫師雷迪以腐肉進行實驗。

無蓋

×3

→ 生肉

瓶子裡有小蟲產生

用紗布蓋住

×3

→ 生肉

瓶子裡沒有小蟲產生

例 1683年荷蘭科學家雷文霍克取水窪中的水以顯微鏡觀察。

微生物的發現

雷文霍克

十八世紀

例 英國生物學家尼丹以肉汁和小麥汁做實驗。

我支持無生源說

煮沸　煮沸

肉汁　麥草汁

無蓋

數日後　數日後

封口　不封口

尼丹

瓶子裡有微生物產生

推翻

十九世紀

例 1864年法國微生物學家巴斯德以鵝頸瓶進行實驗。

我支持生源說

巴斯德

水堵住了瓶口

水

瓶子裡沒有微生物產生

證實尼丹的實驗中瓶子沒有蓋緊，微生物跑進去了！

頸處凝結成水,而阻斷外界空氣與瓶內的水接觸。隨後冷卻放置數日,卻發現瓶內並無微生物產生,證實生命是無法自然發生的,仍須藉由生物生殖而來,再次印證了「生源說」;另外亦證實了尼丹的實驗是因為密封不完全,空氣中的微生物進入水中所導致的結果。

生命是由化學物質構成的

既然難以從生物的觀點獲得解答,科學家亦嘗試以化學的角度,找出地球上組成生物體的第一個有機物質。一九二四年俄羅斯的生化學家歐伯林因為當時已經觀察到木星和其他行星的大氣成分主要是由甲烷所組成,因此推想地球在剛形成之初也應是一個少氧的狀況,環境中如同宇宙充滿了氫氣、氮氣、二氧化碳、水蒸氣和氨等無機物質。而地球上最早的生命則是藉由環境中的能量如雷電和光照,不斷地刺激無機物質進行組合或轉換,形成一些結構簡單的有機物質,再經過長時間的環境作用和演變,合成結構較為複雜的有機物,最後藉此孕育出生命。此外,由於地球表面多為海水所覆蓋,而多數的化學反應又須在水中進行,因此歐伯林便將這日後孕育出生命的古地球環境稱之為「原生湯」。

這個推想隨後在一九五二年由芝加哥大學的化學家米勒及尤里藉著模擬古老地球環境的實驗而獲得驗證。他們在玻璃球中加入水,並加熱玻璃球,使球中的水沸騰成為水蒸氣,水蒸氣則沿著上端的玻璃管進入另一個裝有氫氣、氮氣、二氧化碳和氨等當時古地球大氣成分的玻璃球中,並在此玻璃球中接上電極,利用電極產生光和熱,試圖模擬地球形成初期環境中的能量來源—閃電。接著水蒸氣在經過能量刺激後,經冷卻再度回流到第一顆玻璃球中,並重新煮沸,如此循環數日之後,米勒和尤里便發現瓶內的水存有組成生物所必需的有機物質—胺基酸,以此驗證原生湯的推論,即無機物質可以經由能量刺激而產生出簡單的有機物質。而這些簡單的有機物質可再藉由適當的化學反應,形成較為複雜的有機物,亦陸續在後人的實驗中得到了證實。

米勒及尤里的實驗不僅證明在充滿無機物的環境中,只要有足夠的能量刺激即可生成組成生物所必需的有機物質,同時亦暗示地球有可能從無到有地演化出如人類一般的高等生物。即使目前仍沒有足夠的實驗證明這些有機物如何演變成為具有生命的生物個體,米勒和尤里的實驗成果已成為人類探討生命起源歷程中重要的里程碑。

生命是由大氣構成

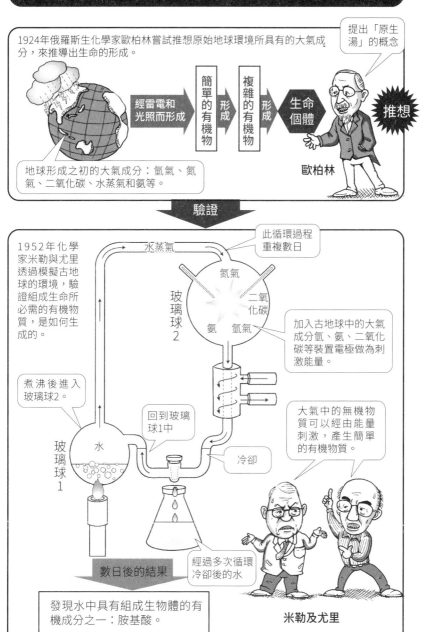

1924年俄羅斯生化學家歐柏林嘗試推想原始地球環境所具有的大氣成分，來推導出生命的形成。

提出「原生湯」的概念

經雷電和光照而形成 → 簡單的有機物 → 形成 → 複雜的有機物 → 形成 → 生命個體

推想

地球形成之初的大氣成分：氫氣、氮氣、二氧化碳、水蒸氣和氨等。

歐柏林

驗證

1952年化學家米勒與尤里透過模擬古地球的環境，驗證組成生命所必需的有機物質，是如何生成的。

此循環過程重複數日

水蒸氣

氮氣

二氧化碳

玻璃球2

氨 氫氣

加入古地球中的大氣成分氫、氨、二氧化碳等裝置電極做為刺激能量。

煮沸後進入玻璃球2。

玻璃球1

水

回到玻璃球1中

冷卻

大氣中的無機物質可以經由能量刺激，產生簡單的有機物質。

數日後的結果

經過多次循環冷卻後的水

發現水中具有組成生物體的有機成分之一：胺基酸。

米勒及尤里

生命科學的演進

以生物學為基礎，經整合與生命相關的各種學科所形成的生命科學，可說是一門既古老又新興的學科。從古至今，科學家從分子、細胞、個體的研究內容，輔以日新又新的技術，終於得以形成現今兼具理論基礎與實務應用的豐富樣貌。

基礎研究促使分子時代的來臨

古希臘時期至十七世紀間，人們不斷地透過觀察自然，思索生命的起源。此時期以西元前四世紀，古希臘哲學家亞里斯多德提出生命源自於無生命物質的**無生源說**，和十七世紀義大利醫師雷迪提出生命源自於有生命個體的**生源說**為兩大主要觀點。直到十七世紀中期，雷文霍克發現微生物後，才有了新的驗證方法，透過法國微生物學家巴斯德的實驗，證實生命是由已存在的生命衍生而來，建立了生物能「生殖」的概念，進而好奇生物的組成與生長現象。

期間，十七世紀初，英國物理學家虎克藉由顯微鏡發現軟木塞是由類似蜂窩狀的方格所組成，並將此結構稱為「細胞」。但直到十九世紀中期，德國植物學家許來登和動物學家許旺才在提出「細胞學說」後，確立「細胞」是構成生命體的基本單位。自此吸引諸多科學家熱烈探討細胞如何運作及反應，「細胞生物學」亦在此時因應而生。十八世紀至十九世紀間，科學家開始比對地球上各式樣的生物，為生物命名與分類。並在英國博物學家達爾文及奧地利遺傳學家孟德爾先後提出的「物種起源」、「演化論」與「遺傳學說」中，合理地解釋這些差異，建立了演化和遺傳研究的基石，尤其遺傳因子能影響物種性狀論點的提出，更激起遺傳物質的積極探究，開始從細微的生命世界來觀察生命。

二十世紀至今，生命的探索已進入到更細微的分子世界。自美國醫生艾弗里以及赫爾希和蔡斯相繼實驗證實DNA為遺傳因子、以及一九五三年美國科學家華生與克立克推導出DNA的結構為雙股螺旋，更將生命科學推向「分子生物學」領域而蓬勃發展，成就了現今所謂的「現代生命科學」。

整合基礎與應用形成生命科學

早期科學家以「生物學」做為研究生命現象的基礎學科，法國博物學家拉馬克便是當時的先驅之一。但生物學仍無法細部涵蓋整個多樣的生命現象，於是許多學門紛紛獨立出來，如「動物學」、「植物學」、「微生物學」、「系統分類學」、「生物化學」、「遺傳學」、「細胞生物學」、「生態學」、「演化生物學」等基礎學科，到偏重應用科學的「生物科技」及現今極為熱門的「分子生物學」、「基因體學」、「蛋白質體學」等，如今則以「生命科學」一詞囊括這些學科研究的範疇。依照現今探討生命相關的研究發展及學科的走向，生命科學可說是整合一切與生命相關的基礎和應用科學的新興學科。

生命科學的演進

古希臘時期→十七世紀

關注焦點：生命從何而來？

不論是流行長達二千多年、亞里斯多德的「無生源說」、或十七世紀雷迪提出「生源說」，探索生命從何而來一直是人們關注的議題。

西元前4世紀		17世紀初		17世紀中期
亞里斯多德	反駁	**雷迪**	支持	**巴斯德**
無生源說		生源說		證實生源自於生
認為生命源自於無生物。		認為生命源自於生命個體。		命，開始有了「生殖」的概念。

十七世紀→十九世紀

關注焦點：是什麼構成了生命？

隨著顯微鏡的發明，十七世紀虎克發現細胞，科學家也將探索生命的焦點轉向生命的構成，而後十九世紀中期許旺和許來登證實細胞為生物體組成的基本單位。

17世紀初		19世紀中期
虎克	證實	**許旺與許來登**
觀察軟木塞發現「細胞」。		最早提出「細胞」是構成生物體的基本單位。

> 引發細胞內生化反應的研究熱潮。

十八世紀→十九世紀

關注焦點：地球上的生物為什麼有著多種樣貌？

開始對於生存環境中不同樣貌的生物、彼此的關連感到好奇，科學家嘗試以分類或實驗，提出各種論點來解釋這樣的現象，尤其以達爾文「物種起源」和孟德爾的「遺傳學說」為代表。

生物的命名與分類

比對

生物外部形態的差異

解釋

1859年	1865年
達爾文	**孟德爾**
提出物種起源及演化論。	提出遺傳學說。

十九世紀→二十世紀

關注焦點：調控生物遺傳的物質為何？

隨著遺傳學說的提出，科學家接續找出生物體內使生物具有遺傳能力的物質，解開遺傳之謎，進而開展生命研究的新視野。

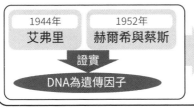

1944年	1952年
艾弗里	**赫爾希與蔡斯**

證實

DNA為遺傳因子

1953年
華生與克立克
解開DNA的結構為「雙股螺旋」。

> 使「分子生物學」蓬勃發展

生命科學的研究應用及相關議題

過去長達數百年的時間，科學家逐已建立了生命起源、組成、遺傳、演化等生命科學研究的基礎。近一、二百年來更將基礎知識結合科技廣泛應用於食品工業、農業、醫療、環境問題等各面向的議題，使生命科學成為一門以生命為基礎原點的應用科學。

從細胞組成構造到生化反應的研究

自從十九世紀中期，德國植物學家許來登和動物學家許旺依據共有的生命特質，將細胞明確定義為構成生命體的基本單位後，科學家始終對細胞如何維持生命運作的議題充滿好奇，細胞內的生化反應因此成為十九世紀的主要研究方向。其中的研究成果已被多方運用在不同的產業中，例如生物體內催化化學反應的生物分子—酵素，已被廣泛應用在發酵產業如釀酒、食品加工、環境污染物的分解…等。

從遺傳學到分子生物學

生命科學的研究重心由細胞導向生命組成分子的層級，約於二十世紀初，分子生物學形成並蓬勃發展至今。分子生物學的發展與過去遺傳學及演化理論的基礎息息相關。早先科學家利用「傳統分類學」方法，將生物依據其外部形態，進行粗略的物種分類，發現無論是相同或不同的物種之間，皆存在有相似的外觀。此現象開啟對遺傳以及生物演化的無限想像，投入各種生物間親緣關係的探討，試圖說明物種與外部形態的關連。其中以達爾文和孟德爾先後提出的「演化論」及「遺傳學說」最具代表且影響深遠。

孟德爾的遺傳學說中提出遺傳因子能掌控生物的外在表現型式，後繼者便不斷地試圖解出遺傳因子的組成與結構。一九○三年，美國科學家洒吞藉由顯微鏡觀察細胞染色體的活動，將孟德爾所說的遺傳因子—基因，定義為位於染色體上的遺傳單位。隨後華生和克立克更進一步推導出組成基因的DNA結構為雙股螺旋。自此，生命科學開始以基因、染色體、蛋白質等組成生命的分子層級為研究重心，著重於探討DNA的組成、特性、序列、基因所在的位置及蛋白質的合成、改變或功能缺失等，進而影響細胞內生理運作。現已發現許多個體出現如遺傳疾病和癌症等重大疾病正是基因突變所導致，更讓基因與遺傳研究始終熱門不輟。

生命科學的研究發展

時期	事件	說明
十七世紀	細胞的發現	開啟科學家對細胞的生物化學進行研究。
十七世紀	傳統分類學的形成	依據生物的外部形態為生物進行分類。
十八世紀		細胞的生物化學持續發展中。
十九世紀	遺傳學說的提出	1865年奧地利遺傳學家孟德爾解釋生物的性狀具有遺傳的現象。
十九世紀	演化論的提出	1859年英國博物學家達爾文提出生物能演化的觀點，解釋了不同物種具有相似外觀的現象。
二十世紀	細胞生物學形成	細胞結構的探究帶動細胞內部各種生化反應的研究，亦促進多項應用的發展，包括酵素應用在釀酒、食品加工等產業用途。
二十世紀	解開遺傳因子DNA的結構	促使分子生物學崛起，探討生物體的分子層級包括了DNA基本的組成特性、序列、基因所在的位置等。
	現代分類學形成	生物的外部形態及分子數據均做為生物分類的依據，並融入演化生物學概念，使分類中呈現生物間的親緣關係。
現今	分子技術的快速發展	●結合遺傳學、生化學與分子生物學以了解遺傳疾病與癌症的成因，並找出治療的方法。 ●生物科技、基因工程的應用發展，尤其於人類生活中的多項應用，包括農業、工業、醫學等方面。

分子應用技術方興未艾

隨著分子生物學和遺傳學的研究熱潮，科學家積極開展更多新穎的生物分子操作技術，如聚合酶鏈鎖反應（PCR），即是利用DNA的基本特性，在短時間內大量複製出特定需求的基因片段，用以生產大量特定功能的蛋白質或酵素，做為疾病上的醫療及相關研究等用途。如今，科學家也將基因改造技術應用在糧食，增加抗病能力；也用於景觀植物如蘭花，讓花色與形態多樣化等。又如標靶藥物、生物藥劑等，也都與分子生物學密不可分，這些「生物產品」的問世讓人類生活出現意想不到的衝擊與改變。此外，基因體定序計畫則除了能提供於傳統的型態分類學之外，亦能成為檢視生物親緣關係的工具。

提供環境議題的技術與觀念

除了分子生物科技的熱潮外，環境變遷亦是現今生命科學研究上重要的議題。因工業與科技持續發展，如土地開發、汽機車廢氣的排放、冷氣空調高頻度的使用、塑膠與高科技產品的製造等，人們不僅毫無節制地取用環境資源，形成的汙染物更是逐年增加，導致諸多環境問題接連產生，如土地沙漠化、氣候異常等。隨著大氣層中二氧化碳濃度不斷提升，使得太陽照射所產生的熱能不易逸散而形成「溫室效應」，在地球氣候暖化之下，極地冰川融化，全球海平面上升。環境問題使地球逐漸衰落，無法提供生物合適的生存空間及資源，嚴重威脅到所有人類與生物的存亡，成為現今全球關注且需要迫切被解決的重要課題。

環境變遷造成許多生物無法生存，可利用的生物資源也相對減少，人們開始意識到「環境保育」的重要性。在技術上，科學家於是借助生命科學進行研究調查，觀察記錄與生物息息相關的環境因子之變化，如：氣溫、降雨量、海水溫度，以及生物因子如物種的分布、生活習性等，藉此反映生物與環境的互動關係，並找出環境問題的源頭，以著手解決環境的相關問題。此外，科學家也在生命科學研究的基礎下，積極發展相關的偵測工具，加強對環境的了解和環境變動的預測與評估，以研討出保育執行的方法和策略，而達成保護和恢復環境的正常循環和運作之目的。也有科學家企圖利用基因改造的植物，去增進農作物對逆境的抵抗能力。而在觀念上，亦發展出「生物多樣性」的保育概念，認為要維護生物間相互依存的整體生態環境首重於維護生物種類的豐富度，而非僅是維持某一物種的生存及數量，如此才能維持環境的正常循環與平衡。

重要環境議題

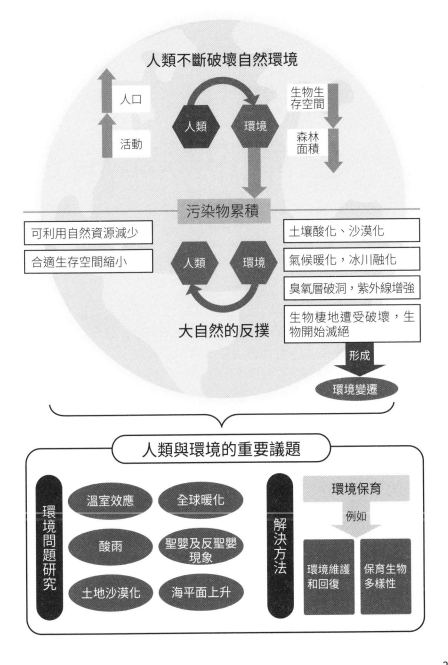

人類不斷破壞自然環境

人口

活動

人類 → 環境

生物生存空間

森林面積

污染物累積

可利用自然資源減少

合適生存空間縮小

人類 ← 環境

大自然的反撲

土壤酸化、沙漠化

氣候暖化，冰川融化

臭氧層破洞，紫外線增強

生物棲地遭受破壞，生物開始滅絕

形成

環境變遷

人類與環境的重要議題

環境問題研究

溫室效應　　全球暖化

酸雨　　聖嬰及反聖嬰現象

土地沙漠化　　海平面上升

解決方法

環境保育

例如

環境維護和回復　　保育生物多樣性

Chapter2
生命的基本構造
——細胞

細胞不僅是組成生命形體的基本構件，也是生命體執行一切生理運作的基本單位，包括生物體內的消化、吸收、排泄等運作都必須仰賴細胞。在這肉眼看不見的微小空間中，不間斷地執行著物質的分解、合成以及運送的任務，並且像一個不可停歇的發電廠，持續供應個體足夠的能量，那些再簡單不過的日常活動，如呼吸、走路、說話、拿東西等等，都是在細胞的辛勤運作下，才得以維繫的生命現象。

學習重點

∙∙∙∙∙∙∙∙∙∙∙∙∙∙∙∙∙∙∙∙∙∙∙∙∙∙∙∙∙∙∙∙

- ❧ 細胞如何構成生物體？
- ❧ 細胞中有哪些的構件？分別負責哪些生理運作？
- ❧ 動物和植物細胞有何差異？
- ❧ 組成生命的分子有哪些？生物體如何利用這些分子維繫生命？
- ❧ 什麼是「代謝」？細胞能代謝哪些物質？且如何運作？
- ❧ 細胞膜的主要結構是什麼？生物體內的物質如何穿越細胞膜，進出細胞？
- ❧ 生物體所需的能量是如何取得的？為什麼ATP稱為生命能量的貨幣？

生命的基本單位——細胞

細胞是能表現生長、繁殖與代謝等生命現象的最小單位，透過細胞內的生物巨分子和胞器的組合與運作維持生命，形成生命個體。在多細胞生物中，不同形態及功能的細胞會組成不同的組織，不同的組織組成不同的器官，以不同器官整合成不同系統，最後構成令人讚嘆的生命樣態。

認識細胞的結構

　　細胞的組成與萬物組成的基礎沒有不同，都是由「原子」排列組合形成各種分子，再以無數個不同功能的分子連結形成細胞的基本架構，並成為細胞內部代謝運作的基礎。細胞的大小差異很大，動植物中為數最多的細胞直徑約在十至三十微米（μm，$1 \mu m = 0.0001cm$），需要放大數百倍才可被肉眼所見。儘管細胞相當微小，各司其職的胞器以及各個細部的結構卻都能依循一定的順序而排列，呈現出亂中有序的組合。細胞由內到外的構件分別為細胞核、細胞質、細胞膜，以及植物、真菌及原核生物等才有最外層的細胞壁。

　　細胞核猶如細胞的大腦，能控制細胞內一切的活動和反應，是細胞的運作中樞。細胞膜和細胞壁位在細胞的最外側，主要具有維持細胞的形狀、區隔細胞的內外環境和控制各種物質進出細胞等功能。膜內的區域稱之為細胞質，是細胞內物質的合成和分解等各種化學反應發生的主要場所。

　　細胞質內包含有：①胞質液：由水、鹽類和各種有機分子所組成的膠狀物，約占了細胞質的七〇％，是細胞內發生各種化學反應的主要場所。②細胞骨架：主要由粗細不同、能相互牽引移動的纖維所組成，可控制細胞的形狀，和做為細胞內物質移動的軌道，也有些細胞骨架會延伸出細胞外組合形成鞭毛、纖毛或偽足等構造，使細胞具有移動或運動的能力。③內膜系統：泛指細胞內以「膜」構造所組成的系統，包括有細胞核、內質網、核糖體、高基氏體及液胞和溶體等具相同外膜結構的胞器，內膜系統主要負責細胞內基本組成成分—蛋白質的合成、修飾和運輸。④其他胞器，包括了讓細胞將攝入的物質轉換成能量的「粒線體」，又稱為細胞內的能量工廠；還有僅在能進行光合作用的植物細胞內才有的「葉綠體」，可將接收的太陽光轉變成為體內代謝運作所需的能量；以及將代謝過程中常產生的有毒物質—過氧化氫（H_2O_2）分解掉的「過氧化體」，使其轉化為水（H_2O）和氧（O_2），以減少過氧化物危害細胞的正常運作。這些位於細胞質裡的胞器均利用「膜」形成圍牆一般的構造，區隔胞器內外的環境，使其內的化學反應能在與外在環境的隔絕下，不受干擾地進行。

生命個體來自細胞的排列組合

　　地球上的生命個體均來自細胞的組合形成，依據組成的細胞數量可將所有的生物大致分為單細胞生物和多細胞生物。單細胞生物即是由一個細胞所組成的生命個體，例如草履蟲、酵母菌。其於單一個細胞內藉由結構的支持，以及其內胞器的各司其職下，完成生命所需進行的養分攝取、代謝、感應和生殖等基本生命現象的運作。單細胞生物的代謝效率比多細胞生物差，僅能進行相對簡單的代謝運作。

　　多細胞生物即由多個細胞所組成，相較於單細胞生物，多細胞生物由細胞依序組成「組織」、「器官」及「系統」，最後整合成為生命的個體。因多細胞生物多半具有許多不同功能及形態的細胞，這些細胞依相同的功能及形態而組合在一起形成組織，以擴大單一細胞的功能，讓細胞之間的分工更為精細，體內能執行更多以及更複雜的運作。例如動物體內有結締組織、肌肉組織、神經組織等，這些不同的組織能連結組合為具有特定功能的「器官」，如心臟、胃、腸及腎等，讓體內的各項運作能分別於特定的器官中執行，以提升代謝的效能。最後，以大多數的動物來說，尚可將於體內執行共同生理目的組織和器官，整合成為一個「系統」，例如個體進行呼吸時，氣體從鼻腔進入至咽喉，再進入至肺部的氣管與支氣管等，這些共同達成呼吸運作的組織與器官，便組成為呼吸系統；又如其他於體內執行消化、排泄及循環等運作的組織與器官，便組成為消化系統、排泄系統及循環系統等。藉由系統、器官、組織到細胞的精細專業分工，生物體內的構件因而得以發揮最大的效能。

　　然而，對多數的植物而言，雖然不像多數的動物可再將所有器官連結歸類為系統，但是植物個體仍可在體內各種器官的分工下，完成繁複的生命運作。植物同樣自細胞的組合，形成了「組織」，如具有保護功能的**表皮組織**、分泌物質和儲存養分的**薄壁組織**、負責細胞增生的分生組織以及負責運輸水分和養分的**輸導組織**等。也同樣地會將組織進一步組合形成各種器官，如植物的營養器官根、莖、葉，以及生殖器官花、果實、種子等，而這些器官能個別執行著生長、繁殖及呼吸等生命現象，植物個體便是仰賴這些器官的分工與合作，來維持生命的基本所需，並且相較於單細胞生物能執行更複雜且精細的代謝運作。

生命的基本單位——細胞

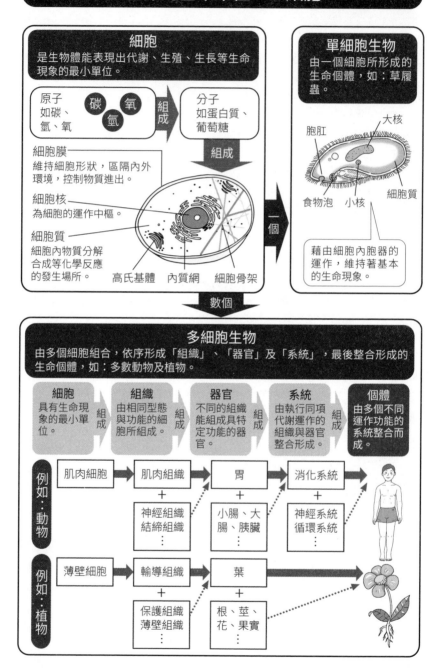

細胞
是生物體能表現出代謝、生殖、生長等生命現象的最小單位。

原子
如碳、氫、氧

碳 氧 氫

組成

分子
如蛋白質、葡萄糖

組成

細胞膜
維持細胞形狀，區隔內外環境，控制物質進出。

細胞核
為細胞的運作中樞。

細胞質
細胞內物質分解合成等化學反應的發生場所。

高氏基體　內質網　細胞骨架

單細胞生物
由一個細胞所形成的生命個體，如：草履蟲。

大核
胞肛
食物泡　小核　細胞質

藉由細胞內胞器的運作，維持著基本的生命現象。

一個

數個

多細胞生物
由多個細胞組合，依序形成「組織」、「器官」及「系統」，最後整合形成的生命個體，如：多數動物及植物。

細胞	組織	器官	系統	個體
具有生命現象的最小單位。	由相同型態與功能的細胞所組成。	不同的組織能組成具特定功能的器官。	由執行同項代謝運作的組織與器官整合形成。	由多個不同運作功能的系統整合而成。

組成　組成　組成　組成

例如：動物

肌肉細胞 → 肌肉組織 → 胃 → 消化系統 →
＋ ＋ ＋
神經組織 結締組織 ⋮ / 小腸、大腸、胰臟 ⋮ / 神經系統 循環系統 ⋮

例如：植物

薄壁細胞 → 輸導組織 → 葉 →
＋ ＋
保護組織 薄壁組織 ⋮ / 根、莖、花、果實 ⋮

細胞的種類

生物細胞的兩大種類包括了細菌所屬的原核細胞，和絕大多數的動、植物等所具有的真核細胞。原核細胞讓原核生物得以最簡單的構造和代謝運作維繫生命；動、植物所具有的真核細胞則是具有可區隔遺傳物質的運作與細胞內的其他活動的核膜，讓生物在微小的細胞內容差異下，形成了極為不同的生命型態。

原核細胞與真核細胞

生物細胞依細胞內有無完整的細胞核，可分為原核細胞與真核細胞兩大類。原核細胞內因為缺乏一層稱為「核膜」的外膜而無法包裹起細胞核，使其遺傳物質直接散落在細胞質中，其與細胞內其他的代謝活動沒有區隔，因此原核細胞內僅能以最簡單的代謝運作方式來維繫生命。原核細胞所組成的生命個體稱為原核生物，常見的有細菌及藍綠細菌（藍綠藻）。

植物、動物、真菌及某些單細胞生物，則是屬於細胞內具有細胞核的真核生物。組成真核生物的真核細胞，其內的細胞核是由核膜、核仁及核內液體—核質所組成的胞器。核仁內含有染色體，是生物體在生殖遺傳上相當重要的遺傳物質，承載著細胞生存所需的一切資訊，如個體生長發育的訊息，使生物代代繁衍都能依據其遺傳資訊執行運作。由於細胞核有了核膜的包圍，因此可將細胞核內的遺傳物質與核外細胞質中複雜的代謝活動區隔開來，免於相互干擾，而能忠實地傳遞遺傳的相關訊息；此外，核膜也是細胞核與核外細胞質之間的屏障，可控制核內外物質的運輸。

植物細胞與動物細胞的差異

由真核細胞組成的各種真核生物，其組成個體的細胞內除了均具有明確的細胞核外，其他與維持細胞運作有關的胞器也大致是相同，如包含有粒線體、高基氏體、內質網等。然而，各種生物對於生存有著不同的需求，對於環境有著不同的感受性，因此分別在細胞中有著不同的構造，或是內容物，來因應生命所需，維持生命的運作。就以最常見的動物及植物來說，雖然展現的生命樣態極為不同，但植物細胞與動物細胞中的胞器大部分卻都是相同的，僅有少數差異。例如，植物細胞及動物細胞均包含有能夠代謝廢物的胞器—液胞，其為充滿液狀流體的胞器，可儲存養分、水分及具有代謝廢物的功能。然而動物本身能夠不斷以不同的方式將廢物逐一排除，不需有大容量的液胞做為廢物儲存區；但是對植物來說，個體沒有排泄的管道，僅能將廢物堆放於細胞的液胞中進行溶解，因此植物細胞內的液胞通常相較於動物細胞要大。

　　此外，由於植物不像動物能自由遷移，對於環境的變化常無法閃避，需對環境有其特殊的適應方式，因此植物細胞的結構常較動物細胞複雜縝密，動物細胞內所具有的結構或胞器，植物細胞內均具足，但相反地，植物細胞內常有著動物細胞所沒有的特殊結構和運作方式，如絕大多數的植物細胞有著動物細胞所沒有的胞器—「葉綠體」和「細胞壁」。葉綠體內因含葉綠素和進行光合作用所需的媒介物質，不僅讓植物因含有葉綠素而能反射呈現出綠色，葉綠體更讓植物得以將太陽光吸收，轉換為個體可以利用的能量，是植物進行光合作用的重要場所。細胞壁則能抵抗水分過度滲入細胞的壓力，使細胞不易漲破，是植物維持細胞形狀，以及保護細胞抵禦病原菌侵害的重要構造，如此一來，在液胞和細胞壁的調和作用下，植物才能良好地控制滲透壓。至於植物細胞內液胞如前所說具有儲存養分、水分和代謝廢物的功能，藉由水的滲透作用攝入水分，當液胞內的溶質（廢物或養分）濃度太高，水分便會滲入，調和和維持液胞內成分的平衡。也因為水分的控制，在細胞內形成了一股膨脹壓力，就好像持續地向外推展般支撐整個細胞膜，使得植物細胞不易乾枯萎縮，保持一定的形狀。

細胞的種類

細胞核的結構

核膜

核質

核仁

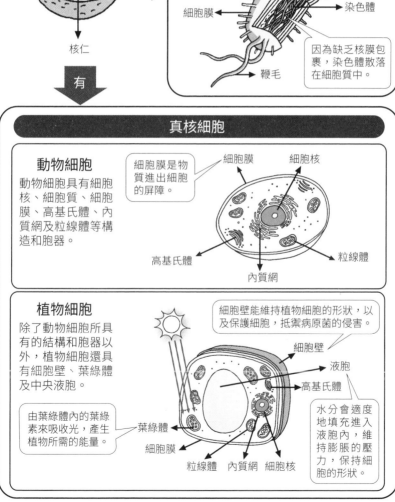

有

無

原核細胞

原核細胞大多數為1～5微米，細胞內無細胞核構造，不具核膜包裹內容物。

細胞質

細胞膜

染色體

鞭毛

因為缺乏核膜包裹，染色體散落在細胞質中。

真核細胞

動物細胞

動物細胞具有細胞核、細胞質、細胞膜、高基氏體、內質網及粒線體等構造和胞器。

細胞膜是物質進出細胞的屏障。

細胞膜

細胞核

高基氏體

內質網

粒線體

植物細胞

除了動物細胞所具有的結構和胞器以外，植物細胞還具有細胞壁、葉綠體及中央液胞。

由葉綠體內的葉綠素來吸收光，產生植物所需的能量。

細胞壁能維持植物細胞的形狀，以及保護細胞，抵禦病原菌的侵害。

細胞壁

液胞

高基氏體

葉綠體

細胞膜

粒線體　內質網　細胞核

水分會適度地填充進入液胞內，維持膨脹的壓力，保持細胞的形狀。

33

組成生命的分子

所有的物質都是由原子所組成，原子經由不同排列組合成各式各樣的分子，生物體同樣也是多種分子組合下的產物。構成生物體的主要分子統稱為「生物分子」。生物體藉由分子的多種組合不僅以此組成生物體的架構，並維持體內不同運作的需求。

什麼是生物分子

　　生物分子主要是以碳、氫、氧、氮、磷和硫這六種元素所組成，每個分子都有其獨特且固定的結構。例如生物體所需的水分子是由兩個氫原子和一個氧原子組成；醣類則主要是以碳、氫和氧這三種原子依固定比例構成醣分子，如葡萄糖、果糖，而各種醣分子之間又可以兩兩甚至多個相互連接，形成雙醣或是多醣分子，例如蔗糖和肝糖。

　　生物分子是構成細胞和讓生命運作的基本物質，多為能夠進行化學反應的有機分子，也就是含有碳原子的化合物。構成生物體最主要的生物分子是醣類、蛋白質、脂類，藉由這些主要的生物分子維持生命體架構和運作體內各式化學反應。舉例來說，不同的蛋白質可以組成細胞骨架，負責胞器間物質的運送，雖然蛋白質都是由胺基酸所構成，卻能因胺基酸的不同組合順序，讓蛋白質發揮不同的功能支撐生命運作。

水分子是生物體內化學作用的基底

　　組成生命的重要分子中，水雖然不是有機分子，卻是讓分子進行化學反應時不可或缺的重要成分。水占生物體的絕大部分，在細胞內水的含量約為七十%左右，其主要功能有：①水是生物體內進行化學作用時必備的、也是最佳的溶劑。許多的化學作用必須在溶於水後才會發生，而生物體內的代謝運作常依賴許多複雜的化學作用。由於大多數的物質都能溶於水中順利進行化學作用，因此水也就成了不可或缺的溶劑。②水具有輕微的解離度，可以解離成氫離子和氫氧根離子，緩衝生物體內因化學反應而出現酸鹼度遽變。這點在生物體中非常重要，因為體內某些蛋白質對酸鹼度非常的敏感，一旦酸鹼度變化過大就無法發揮作用。例如協助生物體內代謝活動的分子—酵素就是一種對酸鹼度敏感的蛋白質，蛋白質能組合成多種酵素分子，但每種酵素都有最適合的酸鹼值範圍，一旦超過範圍酵素便會失去功能且無法復原。③水具有較高的比熱，在化學反應的過程中能緩慢釋放或吸收能量，保持生物體不會忽冷忽熱，維持溫度的穩定。

有些小分子需組成大分子後才能被使用

　　相對於小分子能提供生物體的吸收和利用，生物體的建構與功能的行使，就需要由大分子來完成。生物體最重要的三個大分子—醣類、蛋白質和脂質，其中，有時也稱為生物巨分子醣類主要用來供應能量，蛋白質和脂質主要做為生物體的基礎架構及能量的儲存。雖然蛋白質和脂質都可以轉換為生物體的能量，但因為蛋白質和脂質用途廣泛、且在建構修復生物體細胞上的功能無可取代，因此當生物體需要能量、且體內三種大分子皆具足時，生物體自然會優先使用醣類，接著才是脂質和蛋白質。

　　醣類　醣類是最優先用來產生能量的生物分子，每一克醣可以提供四仟卡的熱量。醣類是由碳、氫、氧三種元素所形成的化合物，其中氫和氧的比例與水相同，因此又被稱為「碳水化合物」。依分子組成的多寡，醣類又可分為單醣、雙醣和多醣，生物體通常是將攝食的醣類食物分解成單醣再進行吸收與利用，其中最重要的單醣分子為葡萄糖，也是生物細胞可直接吸收的能量來源，例如人體血液中即含有豐富的葡萄糖隨時供應細胞所需，稱為血糖。當生物體內能量供給充足時，過多的能量便會以多醣的形式被儲存起來，例如動物的肝糖和植物中的澱粉，待需使用時再分解為單醣。不論是肝糖或澱粉，實際上都是由葡萄糖分子所聚集而成。此外，醣類在生物體中也可以轉化成脂質或胺基酸，當醣類攝取過多時，體內會將其轉化成脂肪的形式儲存，而在醣類代謝的過程中，部分的含碳分子也是做為合成胺基酸的來源。

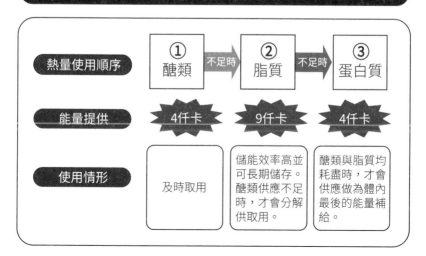

生物能量來源的取用順序

熱量使用順序	① 醣類	不足時	② 脂質	不足時	③ 蛋白質
能量提供	4仟卡		9仟卡		4仟卡
使用情形	及時取用		儲能效率高並可長期儲存。醣類供應不足時，才會分解供取用。		醣類與脂質均耗盡時，才會供應做為體內最後的能量補給。

蛋白質　在生物體中具多功能用途的蛋白質是由胺基酸所組成，胺基酸則是以碳、氫、氧、氮四種主要元素和少數含硫元素所組成的小分子，生物體內常見的胺基酸約有二十種左右，由三百到三千個胺基酸透過不同的排列順序，組合成不同功能的各類蛋白質。

生物體內的蛋白質大致有以下功能：①構成生物個體結構，肌肉、皮膚和毛髮⋯等，例如肌凝蛋白和肌動蛋白是構成動物肌肉組織的主要成分。②組成酵素，使體內代謝反應可以在持續不斷地進行、維持穩定的生命運作（參見P38）。③為細胞組成和運作時不可或缺的成分。例如，細胞膜上因為有許多的蛋白質分子附著，才能形成物質進出細胞內外的通道，讓細胞能與細胞外進行物質交換；另外，在細胞核中，除了負責讀取遺傳訊息的酵素是由蛋白質組成之外，承載著遺傳訊息的染色體，也是以蛋白質分子做為支架讓DNA纏繞其上，使長鏈形的DNA能夠有組織地收進小小的細胞核中。④扮演訊號傳遞的角色。細胞與細胞之間或是細胞內部訊號的傳達需利用蛋白質分子當做媒介進行傳遞。⑤做為能量的來源。當在長期飢餓的情況下，醣類與脂質都耗盡時，生物體不得不將蛋白質分解成胺基酸，並將含碳部分的分子做為能量的來源，其中一克的蛋白質能產生四仟卡的熱量。

脂質　由於一些脂溶性的養分，像是維生素E需要透過脂質的幫助才能被生物體吸收，因而需要不溶於水的大分子脂質來達成。脂質的功能除了可做為脂溶性養分的溶劑外，也可儲存能量，並且可於動物體內集聚成皮下的脂肪組織，供維持體溫與減少體內器官之間的摩擦。脂質與醣類和蛋白質最大的不同在於脂質不溶於水，脂質可以區分為有脂肪酸和無脂肪酸兩種。細胞中大部分為含有脂肪酸的脂質，例如細胞膜的主要成分磷脂質含有脂肪酸，因而能為細胞建立一個範圍屏障，使細胞內許多的化學作用能彼此區隔開來。此外，另一類不含脂肪酸的脂質稱為固醇類，其於動物體內尤其重要，其中常見的固醇類稱為膽固醇，是形成體內荷爾蒙，調節生理代謝的重要成分，此外亦是細胞膜的成分之一。

由於一克的脂質能夠產生九仟卡的熱量，遠比醣類的四仟卡高出許多，且脂質儲存能量的效率很高，所占的體積和重量相對醣類來說較小，因此脂質是生物體中儲存能量的重要分子，所以當生物體攝取過多的醣類，便會先將其轉化成脂質儲存下來，當葡萄糖不足時，再分解脂質提供能量。

組成生命的重要分子

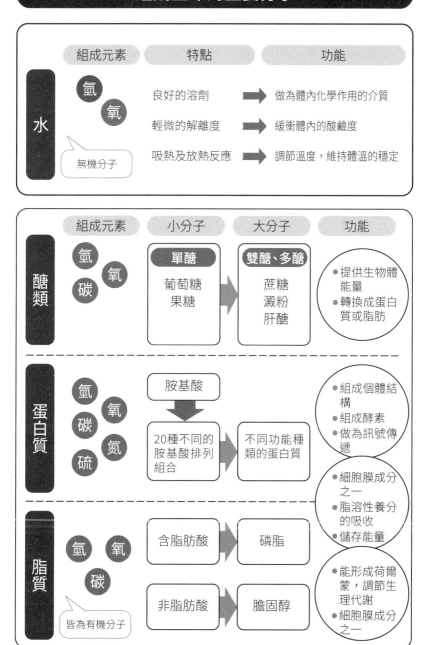

	組成元素	特點		功能
水	氫 氧 無機分子	良好的溶劑	➡	做為體內化學作用的介質
		輕微的解離度	➡	緩衝體內的酸鹼度
		吸熱及放熱反應	➡	調節溫度，維持體溫的穩定

	組成元素	小分子	大分子	功能
醣類	氫 氧 碳	**單醣** 葡萄糖 果糖	**雙醣、多醣** 蔗糖 澱粉 肝醣	●提供生物體能量 ●轉換成蛋白質或脂肪
蛋白質	氫 氧 碳 氮 硫	胺基酸 ⬇ 20種不同的胺基酸排列組合	不同功能種類的蛋白質	●組成個體結構 ●組成酵素 ●做為訊號傳遞
脂質	氫 氧 碳 皆為有機分子	含脂肪酸	磷脂	●細胞膜成分之一 ●脂溶性養分的吸收 ●儲存能量
		非脂肪酸	膽固醇	●能形成荷爾蒙，調節生理代謝 ●細胞膜成分之一

37

生物的代謝

代謝是為了使生物體運作穩定，細胞能產生一連串的化學反應，藉此將攝取進入生物體內的物質轉換成生物體生長與繁殖所需的能量。完成代謝需要透過媒介物質「酵素」，協助調控代謝過程並提高效率，加強生物體運作的穩定。

什麼是代謝

　　生物體需要攝取碳水化合物、脂質與蛋白質等養分以獲得能量、維持生命運作。為了能從外界獲取所需的養分，並將其轉換成生物體內可吸收的小分子，生物體必須在細胞內或是細胞與細胞間進行一連串的化學反應，這些過程統稱為「代謝」。生物體內的代謝又分成分解代謝與合成代謝；**分解代謝**是指從外界獲取的養分進一步分解成足以讓體內細胞吸收的小分子養分，並在過程中產生能量。例如透過消化反應將澱粉、蛋白質，與脂質等不能被細胞吸收的大分子分別分解成小分子單體如葡萄醣、胺基酸、脂肪酸基團和甘油基團…等，讓細胞吸收後，才能使生物體進一步利用或排除。**合成代謝**則是指消耗由分解代謝所得到的能量，將小分子重新組合成複雜的大分子的過程，合成代謝產生的產物可做為細胞骨架或是儲存起來供日後使用。例如特定胺基酸能合成組成肌肉所需的肌動蛋白與肌凝蛋白等大分子，其整齊排列成為肌原纖維，成束的肌原纖維組成肌肉，做為生物體的架構，亦負責個體的運動功能；當個體運動所需的能量不足，肌肉內所儲存的大分子肝醣便會進入分解代謝，供做燃料使用。由於分解或合成代謝的循環過程會不斷重複著能量的消耗和生產，在運轉過程中，能量會被轉換為統一的單位「腺嘌呤核苷三磷酸」（英文簡寫為ATP），供生物體內任何需要能量的運作均可取用。

酵素的功能

　　生物體必須不斷吸收足夠的能量，才能維持生命的穩定。其中的關鍵便是酵素的參與，使代謝反應高效率地進行，並且提供代謝過程中不間斷的能量需求。酵素是幫助分解代謝或合成代謝的一種蛋白質，其作用是「催化」代謝反應，降低代謝的啟動門檻（閾值）和化學反應所需的能量，提高代謝活動的效率，並且不會改變反應的產物。由於酵素可依其立體分子結構和其他化學性質，如屬於親水性或疏水性，只能跟特定分子結合，進行催化作用。與酵素結合並受到催化的分子稱為受質，受質與酵素結合並受到催化的產物，可做為下一個酵素的受質，以此類推。生物體內能快速地完成合成和分解的代謝過程，即是賴於一系列精細的酵素催化反應模式，達成提高代謝效率的目的。

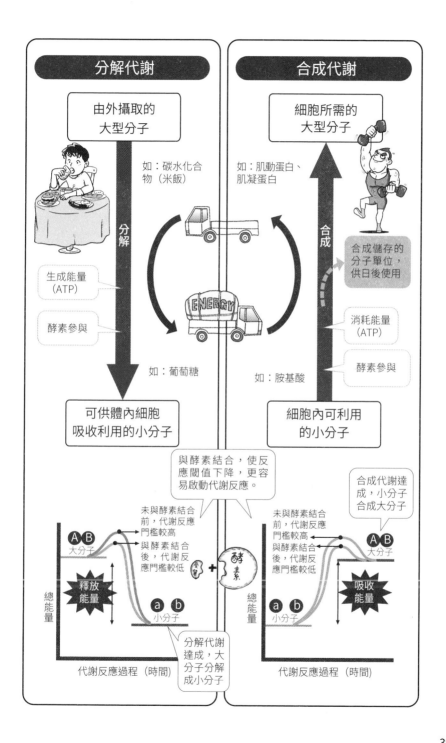

細胞的守門員——細胞膜

生物需攝取生命所需的養分，並將不需要的廢物排除，都必須透過生命的最小單位——細胞，經由與細胞外的環境流通交互運送，來完成所有的代謝過程。為使個體細胞能辨識所需求的養分，排拒不需要的物質進入細胞而干擾代謝運作，位於細胞最外層的細胞膜會在代謝過程中控管分子或其他物質進出細胞。

細胞膜的主要結構

細胞膜是物質進出細胞的重要關卡，膜的結構和膜上的分子就像物質進出的稽核人員，確認能夠通行的物質。

細胞膜的主要組成分是磷脂質，其結構的一端為具有疏水性（非親水性）的尾部，另一端為具親水性的頭部。當處於大部分充滿水的生物體內時，磷脂質會呈現疏水性的尾部及親水性的頭部分別聚集在一起的情形。由於細胞內外皆為含水的環境，磷脂質的聚集排列會形成雙層，其中親水性的頭部均朝向細胞外側及內側，與有水的環境直接接觸，而疏水性尾部均會朝內相互靠攏，藉此區隔出細胞的內部和外部。

不過，磷脂質分子間的連結並不緊密，所以許多不同的蛋白質會漂浮或嵌入在這磷脂質排列中，這使得浸潤在水中的細胞膜整體呈現液態雙層的鑲嵌狀，因此細胞膜常被稱為「流體鑲嵌模型」。

細胞膜上蛋白質的功能

細胞膜是由雙層磷脂質排列組合而成，許多攸關生命運作所需的分子，例如二氧化碳、氧等氣體，除了可以輕鬆地穿過疏鬆的親水性頭部，又因能與疏水性尾部融合而通過細胞膜。然而，親水性物質例如水及一些離子型態的養分，雖然能穿過疏鬆的親水性頭部，但卻會受到疏水性尾部的阻擋而無法通過細胞膜。因此親水性分子就必須藉由細胞膜上各式各樣的蛋白質（運輸蛋白）橫跨細胞膜，出入細胞內外。尤其有些運輸蛋白內附有親水性通道，可提供親水性物質直接進出。但是這些嵌在膜上的運輸蛋白會視細胞的功能和需求，而形成不同的專一性，僅專門提供某些物質進出的通道，藉此讓必要的物質進出，並防止其他物質進入細胞內部干擾運作。舉例來說，人體內多餘的葡萄糖會儲存於肝臟中，因此當血液運輸葡萄糖到達人體肝臟後，肝細胞細胞膜上的特殊運輸蛋白便會將葡萄糖運入肝細胞中，但若是果糖或其他糖類便會被排拒在外。

此外，這些運輸蛋白可藉由消耗代謝所獲得的能量，將某些特定的分子，逆著濃度梯度（溶質通常會從高濃度往低濃度移動的慣常運作）送入細胞內。例如動物細胞為了代謝的需求，細胞內常維持著較高濃度的鉀離子，而細胞外

則維持較高的鈉離子，為此細胞必須消耗更多能量，才能對抗溶質濃度梯度的正向流動，將鉀離子送入細胞內、鈉離子則送出細胞外，而細胞膜上的運輸蛋白即可水解能量（消耗能量），有效地控制物質的進出，達成所有的運輸工作，因此是維持細胞內外離子濃度的重要角色。

大分子物質的運送

　　至於那些由食物分解而來的大分子物質，如葡萄糖、胺基酸等，要如何才能穿過細胞膜運送至目的地呢？這些物質常常是無法通過細胞膜的，因此得靠特殊運送蛋白或膜和膜的融合，來達成運送的目的。舉例來說，若欲吸收一個大分子物質進入細胞，細胞會使細胞膜向內凹陷，使兩側突出的細胞膜圍繞著物質，再漸漸地包裹融合，最後將細胞外的大分子整個包裹起來，形成一個單獨的小泡推進細胞內，這就像用膜盛裝著大分子物質，送入細胞內。此種運送方式也可見於細胞內合成或廢棄的物質欲運送至細胞外時，例如在細胞內，高基氏體會以外膜包裹著物質，形成小泡後，釋出至細胞邊緣，當小泡與細胞膜接觸時，小泡的外膜便伸展開來，與細胞膜融合為一體，小泡內的物質便可釋放至細胞外，供其他細胞利用。

　　總體來說，細胞膜是具有選擇性的，也就是允許某些物質比其他物質更容易通過，而細胞膜與細胞內胞器的外膜因為有同樣的組成分，因此能以融合的方式將物質運送至他處。為了避免名詞上的誤解，習慣上常總稱這些成分相同的膜為「生物膜」。

細胞膜的結構

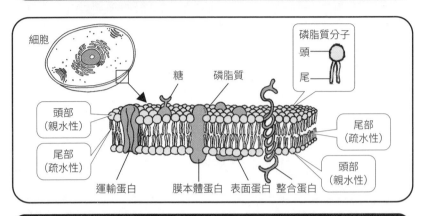

細胞

磷脂質分子
頭
尾

糖　磷脂質

頭部
(親水性)

尾部
(疏水性)

尾部
(疏水性)

頭部
(親水性)

運輸蛋白　膜本體蛋白　表面蛋白　整合蛋白

物質運輸的方式

小分子物質

疏水性的小分子可直接跨越細胞膜，但親水性小分子就必須透過嵌在細胞膜上的蛋白質(運輸蛋白)做為通過細胞膜的通道。

疏水性分子例如二氧化碳(CO_2)、氧(O_2)等，可直接通過細胞膜。

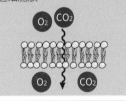

O_2 CO_2

O_2 CO_2

親水性小分子例如水或氫離子(H^+)、鉀離子(K^+)等一些離子型態的養分，必須透過運輸蛋白跨越細胞膜，才得以進出細胞。

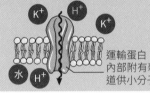

K^+ H^+

K^+

水 H^+

運輸蛋白
內部附有親水性通
道供小分子進出。

大分子物質

細胞利用胞吞和胞吐作用來運輸大分子，二者皆是利用膜和膜的融合，來推移大分子物質進出細胞。

胞飲作用：
①細胞膜向內凹，將細胞外的大分子物質包裹起來。
②包裹後形成的小泡，送入細胞內。
③漸移往高基氏體與其外膜相融合，並將小泡內的物質送入高基氏體中。

胞吐作用：
①高基氏體的外膜將大分子物質包裹起來。
②包裹形成的小泡，推送於細胞質中。
③小泡漸移往細胞膜處與其相融合，並將小泡內的物質送至細胞外。

生命能量的需求

生物的代謝過程必須仰賴能量的生成與消耗，而生物亦能分別透過不同的方式
獲取能量，並且將其轉換成為統一的單位，以供體內不同代謝運作所需。

生命與能量

「能量」雖然看不見也摸不著，但透過其展現出的各式作用，便能得知
能量廣泛地存在於環境中。例如由太陽直接產生的「太陽能」、電器運作所需
要的「電能」、燃燒時所產生的「熱能」、以及因位置高低差距而儲存的「位
能」在物體從高處掉落時，可瞬間轉換成「動能」，這些由能量引起的各種變
化和狀態稱為「做功」。而對於生物來說，能量可促使代謝的運作以及引發個
體運動，各種生命現象均需仰賴細胞中的能量轉換才得以進行，因此稱之為
「細胞做功」。

生物可從環境中獲得能量，使得生物與環境之間有著緊密的互動。例如
太陽能即是地球上一切能量的來源，可直接產生光能和熱能，提供生物適合生
存的環境，亦是生物體可從環境中獲取熱的主要來源，協助體熱的維持，使體
內的生理運作得以穩定進行。植物甚至可以將吸收的太陽光直接轉換成為體內
可利用的能量，但對動物而言，大部份的能量仍須仰賴食物的攝取，再經由體
內的消化吸收等一系列的代謝反應後，才得以產生足夠的能量，供體內運作所
需。

ATP是生命能量貨幣

無論是動物還是植物，體內的代謝總是不停歇地作用著以維持生命的穩
定，代謝作用便是一連串能量生成與消耗的過程，因此生物體內的能量必須是
源源不絕地接續運轉，此過程稱為「能量偶聯」。過程中多半仰賴「腺嘌呤核
苷三磷酸」（ATP）做為能量消耗與儲存之間的中間物。ATP可說是一種能量儲
存分子，主要的化學結構分為三部分：第一個部分是一個含有氫原子及碳原子
所構成的雙環狀分子結構，稱為腺嘌呤，是一種含氮鹼基；第二部分是由五個
碳組成的環狀醣分子，名為核糖；第三部分則是由磷原子及氧原子所構成的磷
酸根分子相互連結而成。能量在儲存與釋出的轉換過程主要是透過ATP第三部分
磷酸根分子的獲得與丟失促成能量在ATP與ADP（腺嘌呤核苷二磷酸）之間轉換
形成，以達成細胞做功。

　　因此，當生物體接收陽光或經由攝食獲取能量時，體內便藉由分解代謝的運作，將大分子物質轉換形成具有磷酸根的小分子，讓細胞中的ADP與其磷酸根結合（磷酸化）起來形成ATP，將能量儲存起來。當生物體內必須消耗能量來進行合成代謝時，便可水解ATP中與磷酸根的鍵結，透過丟失磷酸根來釋出能量供生命運作的代謝活動所利用；而丟失了磷酸根的ATP因此再度回復為ADP，並可待下次的能量攝入，再度與磷酸根分子結合，而再次形成ATP儲存能量。藉由ATP與ADP周而復始地循環轉換，能量便可源源不絕地儲存和釋出，使得生物體內的能量足以應付不間斷的代謝作用。

　　雖然ATP並非生物體內唯一具有能量的分子，但由於ATP廣泛存在於所有生物體內，且是生物體內能量儲存與釋放的主要媒介，就像人們以貨幣當做交易媒介一樣，因此ATP又有生命能量貨幣之稱。

ATP是生命能量貨幣

細胞做功
能量在ATP與ADP轉換形成的同時,儲存或釋出,以達成細胞做功。

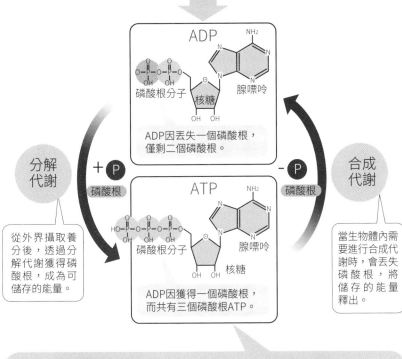

ADP
ADP因丟失一個磷酸根,僅剩二個磷酸根。

磷酸根分子　核糖　腺嘌呤

分解代謝　＋P 磷酸根　　－P 磷酸根　**合成代謝**

從外界攝取養分後,透過分解代謝獲得磷酸根,成為可儲存的能量。

ATP
ADP因獲得一個磷酸根,而共有三個磷酸根ATP。

磷酸根分子　腺嘌呤　核糖

當生物體內需要進行合成代謝時,會丟失磷酸根,將儲存的能量釋出。

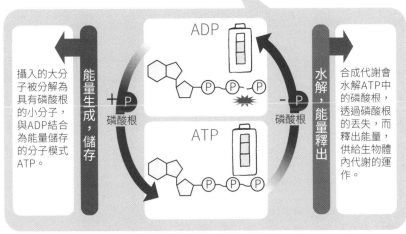

ADP

攝入的大分子被分解為具有磷酸根的小分子,與ADP結合為能量儲存的分子模式ATP。

能量生成,儲存　＋P 磷酸根

P－P－P

水解,能量釋出　－P 磷酸根

合成代謝會水解ATP中的磷酸根,透過磷酸根的丟失,而釋出能量,供給生物體內代謝的運作。

ATP

P－P－P

Chapter3

維持生命的基礎條件1：生理恆定

生物體生存於變動的環境中，太熱、太冷、水分過多、過少等都可能危及生命，因此生物個體均具有能調控、維持體內恆定的生理系統。在神經及內分泌系統的指揮下，整合體內各式組織、臟器的運作，讓任何氣體、水分及養分的進出有所依循，透過呼吸、消化、排泄等作用，適時適量地供應和排出，使個體能及時感受並因應各種變動，包括體內和體外溫度、壓力變化、或各種緊急狀況，做出適當的回應，以減低傷害的形成，維持穩定的生命現象。

學習重點

∙◆ 什麼是恆定？生物的生理運作如何
維持恆定？

∙◆ 為什麼神經系統是生命中樞？它的
組成與功能是什麼？神經系統如何
傳遞訊息？

∙◆ 什麼是內溫動物及外溫動物？兩者
分別以何種方式維持體溫？

∙◆ 什麼是內分泌系統？它有哪些種
類、功能是什麼？

∙◆ 動物如何維持呼吸的恆定？

∙◆ 消化系統如何將生物攝入的食物分
解並吸收？如何維持消化系統的恆
定？

∙◆ 生物體內的廢物如何排泄出來？系
統之間如何共同合作維持水分的恆
定？

何謂生理恆定

生物體具有維持體內恆定的能力，當面對外界環境變動時，會透過體內的恆定調控系統，由受器將感應到的訊息傳達給控制中心，經控制中心整合後再發布指令給動器應變，藉此維護生物體的生理狀態與各系統運作的正常和穩定。

什麼是恆定現象

恆定現象是指生物體的生理會維持著穩定平衡的狀態。由於生物體得不斷自環境中攝取養分，體內持續有物質進入和排出，因此生物體自身必須有其維持生理穩定平衡的機制，以因應體內運作和外在環境的各種變化。不論結構簡單的單細胞生物或是複雜的多細胞生物，都能靠著自身的生理結構，包括細胞、組織、器官和系統等的協調運作而具有恆定的功能。但恆定並非表示生理狀態是固定不變，而是只要能維持在一定範圍區間內都屬正常的恆定狀態，這樣的調控機制，可讓生物在面臨外界環境變動時，能保有調適的彈性與緩衝，提高對環境的適應力。

恆定機制如何運作

生物體內生理恆定的控制機制是由個體的受器、控制中心與動器所組成。**受器**存在於各種動物器官中具有特定功能的細胞（特化細胞），如視細胞、味覺細胞等，由特化細胞負責偵測與接收體內外狀態的改變，並將訊息傳達至控制中心。**控制中心**，如動物大腦的下視丘，其可依照不同生理運作的正常範圍值設定調控點，例如動物的體溫、血壓，若超出或低於調控點時，就會傳達指令於動器，如動物的肌肉等，使動器執行回復到調控點的所有生理運作。**動器**接收控制中心所下達的命令後，回應刺激所產生的反應稱為「回饋」，經回饋後將會影響受器再對刺激的感受程度。控制中心傳達給動器的指令，又可分為持續增強或抑制兩種回饋方式。若當控制中心下達持續增強的指令於動器，即稱為正回饋機制，例如哺乳，因嬰兒吸吮的動作刺激了母體的乳腺受器，將刺激傳達至控制中心，以命令乳腺（動器）分泌乳汁，而持續的刺激，將使嬰兒得到更多乳源。反之，若為抑制的指令，即減少動器所進行的生理運作，便稱為負回饋機制，例如體溫的調節，偵測體溫的受器將訊息傳給腦部的體溫控制中心—下視丘，若超過體溫調控點便下達抑制增溫的指令於動器，使得個體開始以流汗或排尿來散熱降溫。

恆定控制系統的運作流程

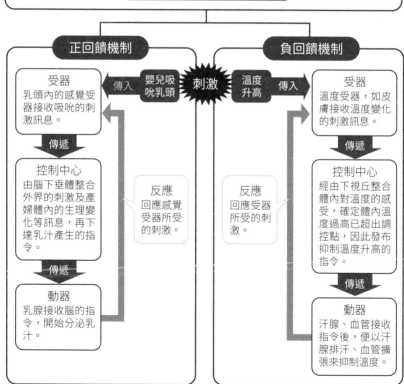

恆定控制系統運作流程

外界刺激 傳入 →

受器
偵測與接收刺激,而將訊息傳送至控制中心。

傳遞 ↓

控制中心
設有「調控點」,能整合訊息,傳達指令於動器。

傳遞 ↓

動器
負責執行回復到調控點的所有生理運作。

反應
接收到指令後,回應受器的刺激,使體內維持恆定狀態。

正回饋機制

受器
乳頭內的感覺受器接收吸吮的刺激訊息。

傳遞 ↓

控制中心
由腦下垂體整合外界的刺激及產婦體內的生理變化等訊息,再下達乳汁產生的指令。

傳遞 ↓

動器
乳腺接收腦的指令,開始分泌乳汁。

← 傳入 **嬰兒吸吮乳頭** **刺激**

反應
回應感覺受器所受的刺激。

負回饋機制

受器
溫度受器,如皮膚接收溫度變化的刺激訊息。

傳遞 ↓

控制中心
經由下視丘整合體內對溫度的感受,確定體內溫度過高已超出調控點,因此發布抑制溫度升高的指令。

傳遞 ↓

動器
汗腺、血管接收指令後,便以汗腺排汗、血管擴張來抑制溫度。

溫度升高 傳入 →

反應
回應受器所受的刺激。

神經系統① 生命中樞

神經系統和內分泌系統是動物維持體內恆定的兩大特有模式。其中神經系統是由結構特殊的神經細胞組成並遍布全身，能接收及整合訊息並且快速反應，讓心跳、呼吸等生命跡象能穩定表現，因此被稱為生物體的生命中樞。

認識神經系統

神經系統主要是透過感覺受器偵測刺激後，將此訊息傳送到控制中心匯集並整合，再由控制中心傳遞命令至動器做出反應。由神經細胞所組成的神經系統猶如錯綜複雜的電線一般，遍布生物體內形成了複雜的神經網絡，藉此讓動物的整個軀體都能即時感應外界環境的變化或刺激，並且能快速地回應。由於神經系統能調控心跳、呼吸等維持生命的重要現象，因此被稱為生命中樞，神經系統一旦壞死生物體就會死亡。

神經系統的組成

神經系統由神經細胞（或稱神經元）組成，神經細胞的構造可分為負責維繫細胞生命與整合刺激訊息的「細胞本體」、和從細胞本體延伸出、接收刺激訊息的「樹突」與同樣連接著細胞本體、傳遞指令的「軸突」。**樹突**是一種如樹枝狀的突起構造，有許多緻密的分支能增加接收訊息的表面積，廣泛接收外來訊息。而**細胞本體**則是神經細胞的細胞核與其他胞器的所在，除了負責維繫細胞生命，更是匯集來自樹突的訊息整合中心，並且發送命令於軸突。**軸突**也稱為神經纖維，是從細胞本體延伸出的一條細長且尾端也有許多分支的突起構造，能將指令朝單一方向直接傳遞至動器，或再經由數個神經細胞的層層傳遞，到達動器產生反應。此外，脊椎動物的軸突外圍還分別有著許旺細胞及寡突膠細胞層層包繞著，形成具絕緣及保護功能的構造，稱之為髓鞘。髓鞘又會有間隔的空隙使軸突呈現分節狀，空隙中露出的小區域軸突稱為蘭氏結，是讓訊息可以跳躍的方式，加快傳遞速度的重要構造。

動物神經系統特徵

動物中包括所有的脊椎動物，如青蛙、牛、人類，和多數的無脊椎動物，如水母、章魚、蟋蟀等，都具有功能類似的神經系統，差別只在於無脊椎動物多半較為簡單，脊椎動物較為複雜。脊椎動物的神經系統可分為做為控制中心的「中樞神經系統」，與負責接收刺激訊息和傳遞指令、回應刺激訊息的「周邊神經系統」。

脊椎動物的神經系統

組成神經系統的單位─神經元

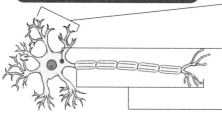

樹突
負責接收外來的刺激訊息。

細胞本體
維繫細胞生命與整合刺激訊息。

軸突
將來自細胞本體整合後的指令傳遞至動器或下一個神經元。

構成

神經系統

由神經細胞所組成，遍布生物體內形成了複雜的神經網絡，讓動物的整個軀體都能即時感應外界環境的變動或刺激，並且能快速地回應。

中樞神經系統

主要負責訊息的整合、思考與發布命令。

周邊神經系統

主要負責外界刺激訊息的接收，以及將整合後的訊息傳遞至動器。

腦

絕大多數刺激訊息和反應的整合中心，分有六個各司不同控制功能的腦區。

脊髓

主要調控來自四肢的感覺訊息與運動。

感覺系統

由將感覺受器接收的刺激訊息傳遞至中樞系統的神經元所組成。

運動系統

由將中樞系統的命令傳遞至動器的神經元所組成，並分有可受意識控制的「體感神經系統」，以及無法由意識控制的「自主神經系統」。其中自主神經系統包括交感、副交感神經系統及腸神經系統等。

中樞神經系統包括動物的腦與脊髓。腦是絕大多數刺激訊息和反應的整合中心，在進行訊息整合、思考與發布命令時，主要是透過不同腦區的運作；而來自四肢的感覺訊息除了上傳至腦部匯集處理，也會透過脊髓為整合中心發布回應。腦依照功能可分成六大區域：①**大腦**：分成額葉、頂葉、顳葉及枕葉等部分且彼此連結，匯整來自不同腦區的資訊與協調指令，是感覺、運動、認知、情緒、思考的整合中心。②**間腦**：是將感覺訊息輸入至大腦的轉運站，其主要結構為視丘與下視丘，下視丘更是維持體內多項生理恆定如內分泌系統、體溫調節、飲食、情緒、生理時鐘等運作的整合中心。③**中腦**：負責協調有關動物的視、聽與運動的功能；④**小腦**：位於大腦的後下方，主要負責視、聽與運動功能間的協調與修正，以維持個體的平衡感及運動時手眼協調的能力；⑤**橋腦**：為個體上下側、及左右側訊息通過的橋樑，由於來自體軀左右側的神經纖維束在橋腦處交叉，因此來自左側身體的刺激訊息會上傳至右腦，來自右側身體的刺激訊息則會上傳至左腦；⑥**延腦**：主要調控內臟、吞嚥、嘔吐與血管網絡的運作，除此之外其與橋腦均是維持呼吸恆定的整合中心，由於呼吸與心跳均在此受調控，因此是維繫生命的重要腦區。

中樞神經系統將接收到的刺激訊息進行整合後，發布命令於動器，以回應刺激。而接收外界的刺激訊息、以及接受命令產生回應，則是由周邊神經系統執行。周邊神經系統可分為接收刺激訊息、並傳送到整合中心的**感覺系統**，以及執行整合後的指令以回應刺激的**運動系統**。由於動器在回應刺激訊息時，有些反應如四肢的骨骼肌所產生動作是可受意識控制的，而生物體內那些為維繫生命而能隨生理狀態恆常運作的組織系統，如心臟的心肌、腎臟的平滑肌，以及內分泌系統等，則是無法隨意控制其反應和動作。因此，運動系統還可進一步區分為無法由意識隨意控制的自主神經系統、以及可受意識控制的體感神經系統。

info 屬周邊神經系統的腸神經兼具了訊息整合的功能

除了中樞神經系統能執行訊息整合外，周邊神經系統中有些分支也同樣具有訊息整合的功能。例如位於腸胃消化管道的腸神經雖屬周邊神經系統，是自主神經系統中的分支，然而此處的神經元數目竟比脊髓裡的神經元數目還多（約一億個），這些神經元連結成的神經網絡除了經由自主神經系統回傳感覺訊息至大腦之外，本身亦是一個小型的整合中心，能整合消化物的分量與成分的感覺訊息，發布命令於動器（包括如平滑肌、腺體與血管）來調整腸胃的消化作用。

神經系統的運作方式

感覺系統	整合中心	運動系統
偵測到刺激後，將訊息傳送到控制中心。	匯集並整合自感覺系統傳遞來的刺激訊息，再傳遞命令於運動系統的動器。	執行整合中心下達的指令，而產生反應，以回應刺激。

整合中心
如腦、脊髓

感覺受器
如皮膚

動器
如腿部的肌肉組織

可分為腦和脊髓：

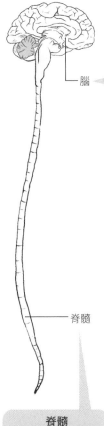

腦

脊髓

脊髓
主要調控來自四肢的感覺訊息與運動。

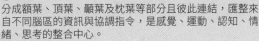

①大腦
分成額葉、頂葉、顳葉及枕葉等部分且彼此連結，匯整來自不同腦區的資訊與協調指令，是感覺、運動、認知、情緒、思考的整合中心。

②間腦
主要結構包括視丘與下視丘，其中下視丘為維持體內多項生理恆定如內分泌系統、體溫調節、飲食、情緒、生理時鐘等運作的整合中心。

③中腦
負責協調視、聽與運動的功能。

④橋腦
是神經纖維束通過且交叉的區域，與延腦合為呼吸中樞。

⑤小腦
主要負責視、聽與運動間的協調與修正，以維持個體的平衡感，及運動時手眼協調的能力。

⑥延腦
● 主要調控內臟、吞嚥、嘔吐與血管網路的運作。
● 為呼吸、心跳恆定的整合中心，因此為維繫生命的重要腦區。

神經系統 ② 神經的傳導

神經系統是以電位變化做為刺激訊息的傳遞媒介，且另透過神經傳導物質讓訊息得以於神經元之間傳遞，最終傳至動器細胞產生反應。

訊息由電位變化來傳遞

　　神經系統由神經細胞連結組成，並以電位的變化來傳遞體內訊息。由於生物體內均帶有不同正負電性的離子，例如鈉、鉀、氯、鈣離子等，體內細胞的細胞膜能以特異的主動運輸通道來控制不同離子的進出，使得細胞內外離子的濃度有所不同、正負電性分布不均，形成細胞膜內外電位差，此電位差便稱為膜電位。

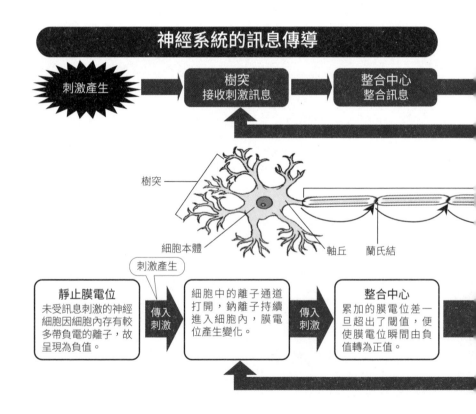

神經系統的訊息傳導

刺激產生 → 樹突 接收刺激訊息 → 整合中心 整合訊息

樹突

細胞本體

軸丘　　蘭氏結

刺激產生

靜止膜電位
未受訊息刺激的神經細胞因細胞內存有較多帶負電的離子，故呈現為負值。

傳入刺激 →

細胞中的離子通道打開，鈉離子持續進入細胞內，膜電位產生變化。

傳入刺激 →

整合中心
累加的膜電位差一旦超出了閾值，便使膜電位瞬間由負值轉為正值。

在一般未受訊息刺激的情況下，神經細胞內存有較多的帶負電分子，細胞膜會不斷主動地將帶正電的鈉離子移出細胞外，細胞內會維持著較高的負電，膜電位呈現負值，此時的神經細胞膜電位便稱為靜止膜電位。一旦刺激產生，由神經細胞的樹突接收後，會促使樹突部位周圍細胞膜上的離子通道打開，讓帶正電的鈉離子不斷地進入細胞內，使膜電位隨之改變並且往細胞本體傳送，進行訊息整合。隨著刺激的強度增強，短時間內在細胞本體持續累加從樹突送來的電位變化形成更大值的電位差。

一旦於細胞本體的電位差超出了閾值（體內隨生理變化而設定的臨界值），便激發軸丘處（細胞本體與軸突連接處）細胞膜上的鈉離子通道大量且同步地開啟，讓鈉離子不斷流入細胞內，當膜電位瞬間由負值轉為正值出現了「動作電位」，即表示整合後的訊息傳入了軸突。而自第一個動作電位於細長的軸突前端產生後，此動作電位就好比一發射便無法回頭的火箭，以同等的電位差在每個蘭氏結接續處以激發鈉離子流入細胞的電位變化方式，使訊息能接續傳至軸突的最末端。動作電位即遵守著「全有全無定律」，一旦刺激引發了

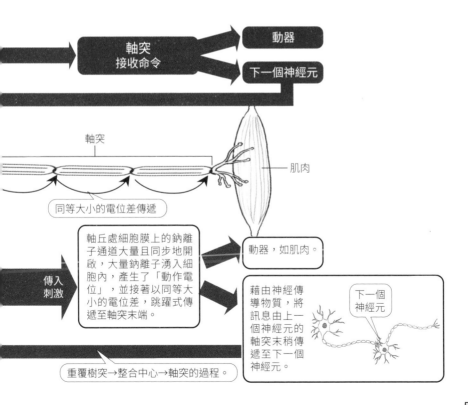

軸突
接收命令

動器

下一個神經元

軸突

肌肉

同等大小的電位差傳遞

傳入刺激

軸丘處細胞膜上的鈉離子通道大量且同步地開啟，大量鈉離子湧入細胞內，產生了「動作電位」，並接著以同等大小的電位差，跳躍式傳遞至軸突末端。

動器，如肌肉。

下一個神經元

藉由神經傳導物質，將訊息由上一個神經元的軸突末稍傳遞至下一個神經元。

重覆樹突→整合中心→軸突的過程。

動作電位，便會按固定且同等的膜電位差傳遞至最後，而使得刺激訊息能夠被明確地傳達，不會突然收回而干擾其他區域的電位變化。反之，若刺激的程度無法引起動作電位的產生，便完全無法傳入軸突，這也使得神經細胞具有過濾雜訊的能力，不隨意做出回應。

藉神經傳導物質將訊息傳入下一個神經元

在動物中，神經系統從軸突接收細胞本體的指令至最後讓動器做出反應，可能必須由許多神經細胞共同合作完成。也就是說，當前一個神經元經由軸突傳遞動作電位到達軸突末梢時，除了可直接傳至動器外，亦可能必須接續將指令傳至下一個神經元，才能將指令傳遞至最後產生反應的動器上。神經元與神經元之間的傳遞則需透過神經傳導物質來達成。

當動作電位到達軸突末稍時，會引發末稍的細胞膜產生電位變化，促使膜上的鈣離子通道開啟，鈣離子因此不斷流入細胞內，觸發原先位於軸突末稍內裝載有諸如乙醯膽鹼、谷胺酸等「神經傳導物質」的囊泡（以膜包圍的小泡），使其融貼於細胞膜上，接著就如運輸大分子物質一般，藉由膜的融合將膜內的這些神經傳導物質釋放出去，隨即在下一個神經元樹突的細胞膜上與受體結合，將訊息傳遞下去。

由於上一個神經元所引發的動作電位已在軸突末稍膜電位改變後便消散，因此下一個神經元在接收到上一個神經元所分泌的神經傳導物質而接收到刺激訊息後，同樣需要藉著電位差的變化和累加，在細胞本體處促使細胞膜上的離子通道打開，重新形成動作電位，才能將訊息及命令繼續傳遞下去，並於最後傳遞至動器而產生反應，如引發肌肉收縮或舒張、腺體分泌等。

神經系統 ③ 生物體溫的調節

生物需保持一定範圍的體溫，才能讓參與生理代謝運作的酵素保持活性，面對外界溫度的變化，生物必須在個體條件下，發展出因應環境及維繫體溫的方式，可能是透過調節體內代謝速度、或改變個體行為等以維持生理運作所需的一定體溫。

外溫與內溫動物

　　生物體必須保持一定的體溫，才能讓體內各項生理代謝運作所需的酵素保持正常活性。不同的生物，依其個體結構上的差異，對外界溫度的變化有著不同的因應方式。如爬蟲類的蜥蜴、蛇、及兩生類的青蛙等，其體內並無維持體溫恆定的機制，即便可以容許體溫隨外界溫度而有較大的變化範圍，但由於體內代謝作用產生的能量仍不足以維持必要的體溫，而必須持續吸收環境所提供的熱能如陽光，因此也稱為外溫或變溫動物。像是爬蟲類會曝曬於陽光下，藉其體表來吸收熱源，補充體溫，但是當外界溫度太高時，為避免體溫過高，就會移至洞穴或遮蔭處歇息。外溫動物一旦喪失熱源，體溫因隨生命運作所需而消耗，體溫便會只降不升，除非自外界補充，補充不及便會死亡。

　　另外，像是鳥類、哺乳類的牛、猩猩、人等，則是能藉由體內代謝作用產生的能量，來支持體內酵素運作的活性，其體溫甚至可以比外界環境高，這些動物維持體溫的方式是透過腦部的體溫控制中樞做為調節體溫的機制，不論環境溫度如何變化，均能使體溫能維持在一定的範圍內，因此此類動物又稱為內溫或恆溫動物。例如當外界環境溫度太高時，生物體會出現流汗或血管擴張來消散過多的熱能；反之，當溫度過低時，體溫控制中樞則能驅使肌肉顫抖或消耗體內所堆積的脂肪組織，來產生熱能禦寒。因此內溫動物能於變化多端的天候下生存，即便於惡劣的天候下，亦能有足夠的活動力遷移至他處。

體溫調節的回饋機制

　　內溫動物之所以能在不同環境情況下讓生物維持體溫，最主要是因為具有專責溫度調節的中樞，能夠協同神經系統、循環系統（心臟、血管）、排泄系統（汗腺、排尿）、肌肉組織等共同達成體溫調控的回饋機制。例如人類眼睛後方大腦底部的下視丘即是人類的體溫控制中樞，可以透過神經系統中的溫度受器如皮膚、下視丘等來偵測外界的溫度、體溫和血液的溫度，當感熱受器偵測到溫度升高，訊息傳至猶如即時通報匯集中心的下視丘,，若判讀超過調控點時，便啟動關閉保溫機制，啟動散熱機制的命令，如命令微血管擴張且接近體表，使血液中的熱能容易發散出來，或是命令汗腺排汗，將體內的熱能發散至體外，使體溫能回到正常範圍。反之，當感冷受器偵測到體溫低於調控點時，

下視丘會抑制散熱機制，而啟動保溫及產熱機制，如命令微血管收縮而深入皮膚組織內、毛髮豎立、停止流汗等反應產生，以防止熱能散失，以及命令肌肉收縮顫抖產熱，或是藉由脂肪組織的分解來產生熱能等。

生物體溫的調節

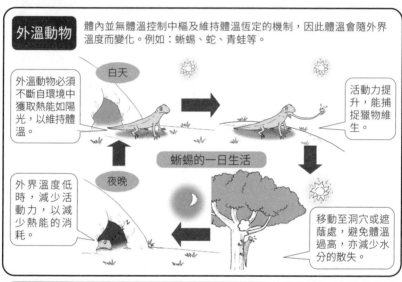

外溫動物 　體內並無體溫控制中樞及維持體溫恆定的機制，因此體溫會隨外界溫度而變化。例如：蜥蜴、蛇、青蛙等。

外溫動物必須不斷自環境中獲取熱能如陽光，以維持體溫。

白天

活動力提升，能捕捉獵物維生。

蜥蜴的一日生活

夜晚

外界溫度低時，減少活動力，以減少熱能的消耗。

移動至洞穴或遮蔭處，避免體溫過高，亦減少水分的散失。

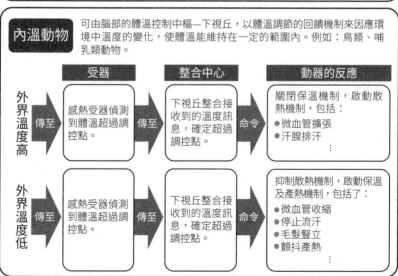

內溫動物 　可由腦部的體溫控制中樞—下視丘，以體溫調節的回饋機制來因應環境中溫度的變化，使體溫能維持在一定的範圍內。例如：鳥類、哺乳類動物。

	受器	整合中心	動器的反應
外界溫度高	傳至 → 感熱受器偵測到體溫超過調控點。	傳至 → 下視丘整合接收到的溫度訊息，確定超過調控點。	命令 → 關閉保溫機制，啟動散熱機制，包括： ●微血管擴張 ●汗腺排汗 ⋮
外界溫度低	傳至 → 感熱受器偵測到體溫超過調控點。	傳至 → 下視丘整合接收到的溫度訊息，確定超過調控點。	命令 → 抑制散熱機制，啟動保溫及產熱機制，包括了： ●微血管收縮 ●停止流汗 ●毛髮豎立 ●顫抖產熱 ⋮

生理恆定的慢性調控中心

生理恆定主要透過神經系統和內分泌系統的協調運作。有別於神經系統的即時快速反應，動物的內分泌系統則是藉由分泌各種激素，緩慢、持續而穩定地調控個體的消化、排泄、心跳血壓、免疫、生長、生殖、發育等生理運作過程，形成久遠的影響。

什麼是內分泌

　　動物體內某些器官內部具有團狀的細胞，稱為內分泌腺體，透過腺體所釋放的化學物質（稱為激素或荷爾蒙），能調控個體的成長發育、生殖與代謝平衡，例如生長激素可使骨骼生長，個體長高。

　　內分泌系統與神經系統同樣都是以回饋機制來回應刺激訊息。雖然生物體內僅需少許的激素即可引發反應，但由於激素釋放後需藉由血液循環到達目標細胞，因此由內分泌所引發的反應較神經系統慢，但在體內所形成的作用時間卻更長，長久之下能大幅度改變組織或器官的生理狀態，例如胚胎發育、幼體轉變為成體（變態發育）、雌雄性性徵成熟發育等，甚至有些激素可長期改變細胞內遺傳物質的表現，而影響一生。因此如果說神經系統是對即時刺激反應的「急驚風」，那麼內分泌系統就是隨時調整並且長期監控器官運作的「慢郎中」。

內分泌系統與神經系統結合

　　動物大抵都具有類似的內分泌功能，但構造和繁複程度不同。以無脊椎動物來說，其內分泌必須藉由神經細胞來分泌，也就是說其內分泌系統均整合於神經系統中，激素的分泌型態為「神經內分泌」。例如蝦、螃蟹、蝗蟲等節肢動物能藉由體內的神經細胞分泌多種激素，像是腦中的神經分泌細胞會分泌青春激素、腦激素等，調控生長、生殖與代謝情形。

　　而脊椎動物的內分泌系統不僅可由內分泌腺體中的分泌細胞自行偵測體內狀態、調控激素的分泌，如副甲狀腺素及胰島素的分泌，還能由神經系統來控制激素的分泌，如自主神經系統能支配胰島素的分泌，或是亦能和無脊椎動物的神經內分泌一樣，由神經細胞直接分泌激素，如大腦底部的下視丘上具有神經分泌細胞，能分泌刺激激素、抑制激素、催產素等神經內分泌。

　　甚至，亦能結合內分泌和神經兩大系統共同運作，如下視丘能偵測體內多種生理狀態，透過分泌刺激激素和抑制激素等神經內分泌調節可分泌多種激素的腦下腺，腦下腺再依下視丘的命令適時適量分泌所需的激素，調控體內多項生理運作。

內分泌的作用

內分泌以激素的形式緩慢且穩定地參與生物體內多項生理運作，包括了消化、排泄、免疫、生長、生殖、發育等，長期下來可大幅改變組織或器官的生理狀態，甚至影響一生。

例 蛾的生長 在幼蟲階段因青春激素的作用，使個體能保持幼蟲狀態。再加上蛻皮激素的作用，使個體能藉每次蛻皮而增長。過了蛹期，青春激素即消失，在蛻皮激素的作用下，個體能化蛹經變態過程，形成成體。

小幼蟲　　　　大幼蟲　　　　蛹　　　　成蟲

> 不同的生長階段是由不同的激素所調控。

激素
分泌　青春激素
　　　蛻皮激素

例 青蛙的成長 受甲狀腺素的調控，使蝌蚪能逐漸增長，變態形成成蛙。

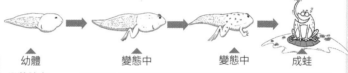

幼體　　　　　變態中　　　　變態中　　　　成蛙

激素
分泌　甲狀腺素

例 人的成長 嬰兒時期生長激素會促進骨骼成長與代謝作用。雄／雌性素分泌的比例能決定生殖器官及系統的表現。到了青少年時期，生長激素會持續使身材長高，雄／雌性素大量分泌則會促使第二性徵發育、性器官成熟，而成為成年人。

嬰兒時期　　　　青少年時期　　　　成年人

激素
分泌　生長激素
　　　雄／雌性素

內分泌腺體與激素

人類的內分泌腺體包括了腦下腺、甲狀腺和副甲狀腺、胰島、腎上腺皮質、腎上腺髓質，和性腺等。每一種激素的功能和運作方式分述如下：

腦下腺（前葉） 是人體內激素種類最多、功能最多樣化的腺體，為內分泌的主腺，能分泌調控骨骼發育生長的「生長激素」、能調控乳腺發育的「泌乳激素」、以及能調控個體膚色等的「黑色素細胞刺激素」等。當腦下腺（前葉）接收來自下視丘分泌的釋放激素時，腦下腺（前葉）便會分泌上述所需激素產生作用。此外，腦下腺（前葉）的另一功能是根據來自下視丘的命令，對其他腺體傳遞釋放所需激素的訊息，促進一些腺體激素的分泌，例如能促進甲狀腺體釋放甲狀腺素來調控生理代謝速率、及刺激女性性腺分泌激素而調控月經週期等。

腦下腺（後葉） 腦下腺後葉雖然不會自行合成激素，但其能釋放由下視丘所合成的「催產素」和「抗利尿激素」。此兩種激素平時由下視丘分泌後即儲存於腦下腺後葉，當產婦分娩時，下視丘會命令腦下腺後葉釋放催產素，使子宮收縮產出胎兒，並在哺乳時使母體泌乳。當體內水分較少時，下視丘則會命令腦下腺後葉釋放抗利尿素，以減少尿液的排放。

甲狀腺 由下視丘分泌釋放激素，促使腦下腺前葉分泌甲狀腺刺激素，來刺激甲狀腺分泌不同濃度的「甲狀腺素」，以調控血壓、心跳速率，及消化、生殖、發育的過程。此外，甲狀腺亦能直接感受血鈣濃變化，而分泌「降鈣素」與副甲狀腺共同調節體內鈣離子的恆定。

副甲狀腺 不同於上述的內分泌腺體以下視丘為調控中樞，副甲狀腺上的分泌細胞能直接感受血中鈣離子濃度的變化，而分泌出不同濃度的「副甲狀腺素」，來促使骨骼釋放鈣離子，及腎臟吸收鈣離子，並與甲狀腺所分泌的「降鈣素」，共同維持體內鈣離子濃度的恆定，調節代謝作用。

胰島 位於胰臟中，胰島和副甲狀腺一樣，能自行偵測生理狀況而進行分泌，藉由胰臟中的內分泌細胞直接感應血糖變化，而分泌「升糖素」和「胰島素」。當飢餓時，內分泌細胞上的受器感應到血糖濃度降低，而釋放升糖素，使血糖濃度上升；但飽食後，其受器即感應到血糖濃度上升，而分泌胰島素，使血糖濃度降低。

腎上腺 位於腎臟的上方，可由下視丘的釋放激素促使腦下腺（前葉）釋放腎上腺皮質刺激素，來刺激外層的腎上腺皮質分泌「糖皮質素」，參與血糖恆定與免疫反應；亦會分泌「鹽皮質素」協助腎臟吸收水分、排放尿液。除此之外，腎臟內部的腎上腺髓質則是由自主神經支配，透過受器感應血糖濃度或其他恆定現象的變動，分泌能增加血糖濃度的「腎上腺素」及能提升代謝作用、調節心跳和血壓的「正腎上腺素」。

性腺 分有男性的睪丸以及女性的卵巢，兩者均由下視丘所釋放的「刺激激素」或「抑制激素」，來刺激腦下腺前葉分泌相關的刺激激素，如濾泡細胞刺激素、黃體生成素等，調節「雄性素」、「雌性素」以及「助孕素」的分泌。因性腺能分泌不同比例的雄、雌性激素調控性徵的發育和第二性徵的顯現，所以男女性在性徵表現上有所差異，例如男性生殖器官發育和體毛、喉結的顯現；女性則會出現月經、乳房發育和骨盆變化等的顯現，以及受精後著床與胚胎發育等。

其他內分泌腺體 除了上述腺體外，尚有位於間腦的松果腺，可藉由偵測四季與日夜週期變化調節褪黑激素的分泌和濃度，來調整生理時鐘；位於肺臟上方中央處的胸腺則可分泌胸腺素來增強幼兒時期的免疫能力，但至青春期後，此腺體則因免疫系統已完整的建立而退化。

info 植物也有激素嗎？

植物沒有內分泌腺體，但植物細胞本身亦可製造並釋放激素，透過細胞上的受器對環境及本身生理狀態的感應，釋放激素至體內的運輸組織進而送達植株各處。植物的激素主要有五類：
①生長素：能促進根部、莖部頂端的生長及種子、果實的發育。
②吉貝素：可促進開花、種子發芽、莖部伸長等。
③細胞分裂素：可促進細胞分裂、側芽生長與延遲老化。
④離層素：抑制種子萌發並且引發葉片、果實的凋落。
⑤氣態激素──乙烯：能加速果實成熟，使葉片、果實凋落，亦還會擴散至空氣中影響鄰近植物，使其他果實也快速成熟。

人類的內分泌腺體及其所分泌的激素種類

下視丘

為內分泌腺體的控制中樞，位於大腦底部，能分泌「刺激激素」或是「抑制激素」，作用於腦下腺前葉，影響其中各種激素的分泌與釋放。

其神經末稍延伸至腦下腺後葉，且能分泌「抗利尿素」與「催產素」。

調控 ↓ 　　　　　　　　　　　　　　　　儲存於 ↓

腦下腺（前葉）

- 為人體內分泌腺體的主腺，能接收來自下視丘的命令，分泌不同種類的激素，以傳送釋放激素訊息於體內其他腺體，使其他腺體能分泌調控生理恆定所需的激素。
- 能分泌「甲狀腺刺激素」、「腎上腺皮質刺激素」、「濾泡細胞刺激素」、「黃體成長素」、「生長激素」、「泌乳激素」、「黑色素細胞刺激素」、「腦啡肽」等激素，來調控其他腺體分泌所需激素，共同調節生長、乳腺發育、膚色等功能。

腦下腺（後葉）

儲存了由下視丘所分泌的「抗利尿激素」與「催產素」。

調控 ↓

❶ 甲狀腺
- 分泌甲狀腺素，調節血壓、心跳速率、生長、生殖等。
- 分泌降鈣素，與副甲狀腺素共同調節血鈣恆定。

❷ 腎上腺皮質
- 位於腎臟外層，能分泌糖皮質素，參與血糖恆定與免疫反應；及分泌鹽皮質素，幫助腎臟吸收水分。

❹ 雌性性腺：卵巢
能分泌「雌二醇」，調控女性第二性徵（體毛、乳房與較高的嗓音）；及分泌「黃體素」，維持月經週期、受精後著床與胚胎發育。

❺ 雄性性腺：睪丸
- 能分泌多種雄性激素，以睪固酮最多。
- 調控男性第二性徵，維持生殖系統的發育。

① ❶
肝臟
腎臟　　❷②
　　　③
❹
❺

① 副甲狀腺
能自行偵測生理狀態，並分泌副甲狀腺素，與甲狀腺所分泌的降鈣素共同調節血液中鈣離子濃度。

② 腎上腺髓質
位於腎上腺中央，受自主神經的調控，能分泌腎上腺素與正腎上腺素，兩者皆能增加血糖濃度與代謝作用。

③ 胰島
- 能自行偵測生理狀態，並分泌激素。
- 為胰臟中的內分泌細胞群，能分泌升糖素與胰島素。
- 兩者互為拮抗作用，升糖素可增加血糖濃度，胰島素則是降低血糖濃度。

內分泌系統 ② 激素如何發揮作用

內分泌腺體是無管道腺體，所釋放的激素經擴散作用進入鄰近組織、經由血液或組織間液的循環，進而與細胞結合或接觸，影響細胞組織的運作。生物體可藉多種激素的分泌協同運作體內不同的器官組織，共同調節生理狀態。

激素的作用方式

有別於唾液腺、汗腺等有管道腺體能循著腺體管道輸送所分泌的物質，內分泌腺體均為無管道腺體，激素均直接分泌於鄰近組織中，再擴散到鄰近肌肉或是血管壁上，稱為「旁泌性傳訊」；或是將所分泌的激素藉由血液或微血管網的運送，滲出至組織間液中。而體內的細胞上因具有接收體（即稱受體），所以能與激素相互辨識經確認後結合。當激素與目標細胞上的受體結合後，便會活化細胞內特定分子做為訊息的傳遞者，將微量的激素所含的訊息經由一個分子可接續活化多個分子的方式，透過持續不斷地傳送並且將激素的訊息放大，最後改變細胞中遺傳物質的表現，調控生理功能。

由於激素與細胞受體能專一對應，因此僅會與目標器官細胞的受體結合，而不影響體內其他不具此特定受體的細胞組織，好讓腺體所釋放的激素只作用於目標細胞，而不會打亂其他生理運作。此外，同一種類的激素還能作用於不同器官上的細胞，並產生不同的反應，例如生長激素作用在骨骼組織能促進骨頭生長，但在肌肉組織則能增加肌纖維，反映出只要有少數幾種激素便能調控體內多樣的組織細胞。

激素如何調控生理恆定

內分泌系統和神經系統一樣，同樣是經由刺激的偵測和整合，再透過整合中心發布命令於動器（腺體），來產生反應。當體內受器偵測到生理狀態的改變超出控制中樞的調控點範圍，控制中樞便會發布命令於相關的內分泌腺體，促其釋放激素作用於目標器官，使生理狀況回復正常範圍。為了讓生理運作有效率，脊椎動物中的部分激素還能將神經系統與內分泌系統結合共同執行、發揮激素的作用調控生理恆定。以人類的血糖恆定為例，一般血糖濃度受到進食與否、以及活動量多寡而有所波動，當個體尚未進食且運動過量，使體內的血糖可轉換為能量的濃度不足以供應代謝作用所需時，人體便會同時產生幾種生理反應，像是胰臟細胞上的血糖受器會偵測到血糖濃度的改變，促使胰臟釋放升糖素，讓儲存於肝臟供代謝作用的肝糖和體內的胺基酸與脂肪酸分解成葡萄糖，釋放到血液中使血糖濃度提高。與此同時，人體神經系統中的下視丘亦會偵測到血糖濃度的改變，而分泌釋放激素促使腦下腺前葉釋放腎上腺皮質刺

激素，促使腎上腺釋出糖皮質素，以提高肝臟中糖質新生的運作效能，讓蛋白質、脂肪等非碳水化合物轉變成葡萄糖釋放到血液中；而且糖皮質素還能促使肌蛋白（組成肌肉的蛋白質）分解成胺基酸，同樣運送至肝臟進行糖質新生作用，轉變成葡萄糖，來提升血糖濃度，使個體回復到正常的血糖濃度。這些生理反應同時啟動，目的都是要使血糖濃度能儘速回升到恆定的正常值。而當胰臟細胞及下視丘偵測到血糖回升了，便會分別逐漸減少升糖素及腎上腺皮質刺激素的分泌。

相反地，當飲食之後，血糖濃度高於供應代謝作用的量，胰臟偵測到高於調控點的血糖濃度，分泌胰島素來抑制肝臟的肝醣分解、抑制胺基酸與脂肪酸轉變成葡萄糖，並且促使細胞吸收與利用葡萄糖以降低血糖濃度，讓血糖濃度回到正常濃度範圍。此外，在消化食物的過程中，會使調控內臟的延腦中自主神經系統被活化，而更加推促胰臟釋放出胰島素。同樣地，當胰臟和自主神經系統偵測血糖已回復至正常範圍，便會同時抑制胰島素的分泌。在這些機制的共同調節下，不僅結合了神經系統，也藉由不同激素的釋放，作用於身體各部位的肌肉、肝臟、以及消化系統等，來影響及協調各器官的運作，達成體內血糖的恆定。

內分泌的傳訊方式

旁泌性傳訊

內分泌腺體釋出的激素能直接以擴散方式進入周圍的組織細胞中。

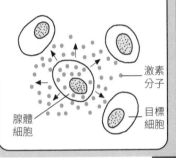

激素分子

腺體細胞

目標細胞

藉血液或組織間液的循環

內分泌腺體釋出的激素可經由擴散作用進入血液或組織間液中，透過與細胞上受體的結合，產生反應。

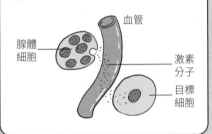

血管

腺體細胞

激素分子

目標細胞

激素能與目標細胞上的受體結合，而引發反應，將訊息傳入：

分泌激素

與目標細胞上的受體結合

受體

腺體細胞

目標細胞

激素分子

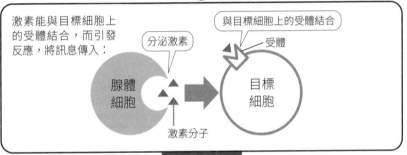

傳訊情形

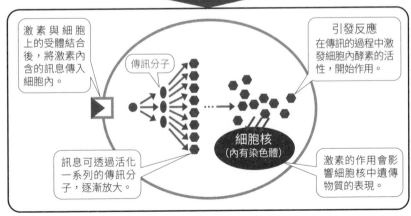

激素與細胞上的受體結合後，將激素內含的訊息傳入細胞內。

傳訊分子

引發反應
在傳訊的過程中激發細胞內酵素的活性，開始作用。

細胞核
(內有染色體)

訊息可透過活化一系列的傳訊分子，逐漸放大。

激素的作用會影響細胞核中遺傳物質的表現。

呼吸系統① 體內氣體的運送

生物呼吸的目的是使細胞能得到充分的氧氣，透過細胞呼吸轉換能量以進行代謝，並將代謝後所產生的二氧化碳排出。生物均能以不同的構造或方式，自外界環境中以氣體交換的方式取得氧氣，及排出二氧化碳廢氣。

呼吸仰賴氣體的交換

　　生物體內的細胞必須不斷獲得氧氣，以支持細胞內的氧化還原反應，製造一切運作所需的能量ATP需藉由氧來氧化葡萄糖，使其裂解釋放出能量，供細胞代謝運作使用。這些作用最後所產出的二氧化碳必須即時排出體外，避免累積而降低反應的速率，此一吸入氧、排出二氧化碳的氣體交換過程，均是以細胞為單位來運作，因此稱為細胞的呼吸作用。

　　單細胞生物如眼蟲等，以及結構較為簡單的多細胞生物如海綿、水母等由於均生存於水中，細胞均被水包圍，可直接且充分地與水中的氧進行氣體交換，因此氣體交換的速率，也就是細胞呼吸的速率便由細胞的體表面積總和來決定。而結構較複雜的多細胞生物，則是利用僅具單層細胞的表皮構造來進行氣體交換，例如青蛙的皮膚或是蚯蚓的表皮，由於平薄的表皮下即具微血管，能讓氧氣迅速進入微血管送至身體內部器官，加快氣體的交換。

　　然而，以表皮來進行氣體交換尚不足以支撐身型較大的生物個體，例如魚類及其他脊椎動物等，則是以具有高度分支、摺疊的微血管網所組成的器官如鰓、肺等，來增加呼吸的表面積，以求更高速率的氣體交換。尤其許多脊椎動物如青蛙除了以表皮進行氣體交換外，也具有「肺」的構造使氣體交換效率更佳，而那些能完全生活在陸地上的蜥蜴、牛、人等，其雖然為避免水分散失皮膚上會具有鱗片或已角質化，不具氣體交換功能，但可完全仰賴縱橫交錯的微血管網所組成如海綿狀的「肺臟」，來進行有效率的氣體交換，以此增加微血管與氣體接觸的表面積，容納大量空氣以供應個體所需。

氧氣與二氧化碳的運送

　　氣體的流動是以高濃度向低濃度的擴散方式來進行的。氣體在空氣中的比例或在水中溶解度的差異會形成「氣體分壓」。以透過表皮細胞交換氣體為例，當細胞內的氧氣分壓較外界環境低，即細胞內的氧濃度較外界水中的含氧量低的時候，氧氣便擴散進入細胞體內。同樣地，以呼吸器官肺交換氣體來看，當吸入的氧氣從肺泡擴散至微血管網，使輸送來的血液中氧氣分壓較肺中要高，氧氣便會由血液擴散至肺中，而二氧化碳則會從肺擴散至血液中，再擴散至肺泡透過呼氣排出。

　　當氧氣進入血液之後，於生物體內有兩種運送方式：①極少比例的氧氣會直接溶於血漿中，隨血漿流動而移動；②大部分的氧氣則是與血液中血球上的攜氧蛋白結合，如紅血球中的血紅素。單一分子的血紅素可與四個分子的氧結合，當血液中氧氣分壓愈高，血紅素與氧氣的結合度也就愈高、愈飽和。因此當此血液流經缺氧，即氧氣分壓較低的組織時，血紅素便會與氧氣解離，使氧氣能釋出擴散至組織間。

　　此外，血液中氫離子濃度的變化，也會影響血紅素與氧氣的結合，當血液中氫離子的濃度增加，會使血液的酸鹼值（pH值）降低，傾向酸性，讓血紅素與氧氣結合的飽和度下降，藉此釋放出氧氣，提高細胞呼吸作用的效率讓個體能釋出儲存的能量。例如運動時體內因應快速的代謝活動而需要大量的氧，並且產生大量的二氧化碳，此時生理運作的機制即是讓大量產生的二氧化碳與水作用後，解離出更多的氫離子，使血紅素與氧結合的飽和度降低，藉以釋出大量的氧氣供運動時的代謝利用。

　　呼吸作用中最後所產生的二氧化碳在體內則會以三種不同的運送方式，最後排除：①約有七％的二氧化碳，是直接溶於血漿，順著血漿流動；②約有二十三％的部分是與血紅素結合而運送；③其他的七十％則是透過紅血球中大量的碳酸酐酶將二氧化碳轉變成碳酸，而碳酸會在血液中迅速解離成氫離子與碳酸氫根離子，並溶於血液中，等到運送至呼吸器官時，再透過紅血球重新結合形成碳酸，並分解成水跟二氧化碳。最後，任何運送方式都會將體內廢氣二氧化碳擴散至肺中，透過呼吸作用排出體外。因二氧化碳略溶於水的特性，生物體便是經由這樣反覆的轉換過程，使血液能運送二氧化碳，並且避免影響其他化學反應的進行。

生物呼吸氣體的運輸

細胞的呼吸作用

生物能吸入氧氣(O_2)，呼出二氧化碳(CO_2)，這些氣體能透過於溶於水中或於空氣中的濃度差異形成不同的分壓，以擴散的方式進入分壓較低的一側。

單細胞動物

- 周圍環境為水，能依水與體內液體間氧氣與二氧化碳分壓的差異，來進行氣體交換。
- 呼吸的速率與和水接觸的細胞體表面積總和相關。

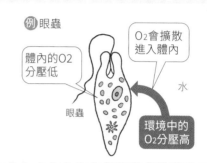

例 眼蟲

O_2會擴散進入體內

體內的O_2分壓低

水

眼蟲

環境中的O_2分壓高

多細胞動物

- 吸入氧氣後，氧氣會經擴散作用進入微血管，再藉由血液與組織細胞間的氣體濃度差異，使氧能從血液中移動至細胞內，供全身細胞的利用。

  例 魚類(鰓)、哺乳動物(肺臟)。

氧氣能從微血管中的血漿、或能紅血球釋出擴散至組織細胞，供產能運作。

當血液中氧氣的分壓愈高，表示血紅素與氧氣結合度愈高、愈飽和。當血紅素中含有四分子的氧，即為完全飽和。

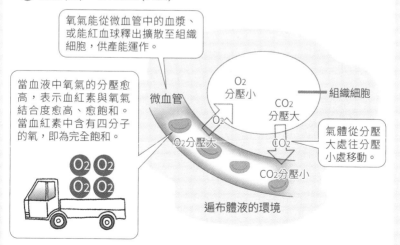

微血管

O_2分壓大

O_2

O_2 分壓小

CO_2 分壓大

CO_2

CO_2分壓小

組織細胞

氣體從分壓大處往分壓小處移動。

遍布體液的環境

呼吸系統 ② 哺乳動物的呼吸調控

哺乳動物的呼吸系統結構精細且功能完善，其以肺臟為主要的呼吸器官、並以神經系統的延腦與橋腦為呼吸的調控中樞，在兩者共同的調節下，使生物體能規律地呼吸，以維持生命現象。

哺乳動物的呼吸系統

由於氧氣必須溶於水中才能供生物體內進行氣體交換，因此，有別於水域生物可直接在水中交換氣體，生活於乾燥陸地環境的陸域動物體內則必須具有特殊的器官構造，如蝗蟲具有氣管系統、蜘蛛具有書肺、人類具有肺臟等，才能以體內濕潤的環境來維持氣體的交換，取得氧氣。

以呼吸系統較為完善的哺乳動物來說，呼吸系統包含了鼻孔、鼻腔、咽、聲門、喉、氣管、支氣管及肺臟。吸入的空氣首先由鼻孔進入鼻腔，鼻腔內的鼻毛會攔阻灰塵、使空氣增溫。但因鼻腔與口腔相通，空氣也會經由口腔吸入，食物同樣也可能進入呼吸道，因此在鼻腔與口腔後方的咽部之後便分隔出食道與呼吸道，當吞嚥食物時喉部會上提，使咽部附近的會厭軟骨下降以關閉呼吸道，讓食物只能通往食道。接著，空氣進入呼吸道會先經過氣管的開口聲門與相連接的喉部，而喉部之後銜接的「氣管」是由C字環狀的軟骨排列組成的結構，以支撐呼吸通道、防止坍塌。氣管延伸到達肺臟會分成兩條支氣管，分別進入左、右肺，再各自分支形成更多細小如樹枝狀的小支氣管，因此也被稱為支氣管樹。支氣管的上皮組織具有會擺動的纖毛以及黏液，合力阻擋花粉、灰塵等細小的雜質，並能將其推送至喉部咳出體外，保持肺臟內部的清潔。在小支氣管的末端有著成串的氣囊稱為肺泡，是空氣進入肺臟後氣體交換的處所。肺臟含有上百萬個肺泡，吸入的氧氣會先溶於潮濕的肺泡囊中，再經擴散作用進入貼近肺泡的微血管中，以進入體內循環利用；反之，欲呼出的二氧化碳則是從肺泡旁的微血管中，擴散至肺泡囊內，以排出。

呼吸恆定之控制

生物體負責調控呼吸的控制中心是延腦與橋腦，兩者共同調控呼吸週期。當延腦偵測到體內氫離子濃度（二氧化碳量的改變）上升時，便活化延腦中的吸氣神經元，使其神經纖維能支配參與呼吸的肌肉，如外肋間肌與橫隔膜，使之同步收縮而擴張胸腔，引發吸氣。而當吸氣神經元活化的同時，訊息也會傳到橋腦，使橋腦能對延腦發布抑制吸氣的命令，而抑制吸氣。此時，與呼吸有關的肌肉便同步舒張，胸腔漸縮小而順勢地將體內氣體呼出，引發呼氣。此即為生物平時規律進行的呼吸作用。僅有在個體過度吸氣（吸氣量大於正常值）時，如激烈運動過後，延腦中的呼氣神經元才會活化，以促進呼氣。

哺乳動物的呼吸系統

呼吸的控制中心

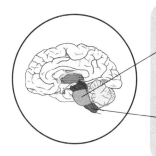

橋腦 整合來自延腦吸氣的訊息，發布抑制吸氣的命令於延腦，以管控延腦所發布的吸氣命令。

傳遞訊息 ← → 控制

延腦
- 整合體內訊息，發布吸氣命令於神經纖維，以支配呼吸肌肉的收縮，執行吸氣的運作。
- 受到橋腦的抑制而使呼吸肌肉舒張，執行呼氣。

 吸入氧氣 排出二氧化碳

延腦命令吸氣，外肋間肌與橫隔膜收縮，使胸腔擴張，產生吸氣。

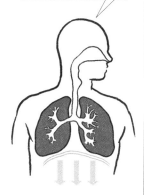

延腦的吸氣命令被橋腦抑制，外肋間肌與橫隔膜舒張，使胸腔縮小，產生呼氣。

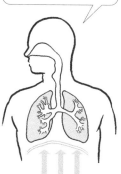

鼻腔
空氣由鼻孔進入鼻腔時，鼻毛會先攔阻空氣中的灰塵，並使空氣增溫。

進入 排出

經過 經過

咽喉
吞嚥食物時，咽部附近的會厭軟骨會下降關閉呼吸道，避免食物進入阻塞呼吸道。

進入 送入

氣管

支氣管

支氣管還會再分支形成更多小支氣管，其上皮組織具有纖毛及黏液，能阻擋空氣中細小的雜質。

肺泡
- 將吸入的氧氣，從肺泡擴散進入血液中，以運行全身，供運作產能。
- 欲排出的二氧化碳從血液中擴散進入肺泡中以排出。

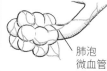

氣體交換

肺泡微血管

消化系統① 生物的消化系統

生物攝食後必須藉由消化流程將食物分解成可被體內吸收的小分子，而這些小分子經組織或器官中的細胞吸收後，可進行代謝作用產生能量或合成所需物質，或是儲存起來備用，至於那些最後無法被分解或吸收的物質則是排出體外，以免造成體內的負擔。

消化系統依個體結構由簡至繁

生物體內代謝作用所需的養分與能量，是藉由食物的攝取和消化吸收而獲得，最後亦會將無法消化吸收的廢物排出，整個養分獲得的過程通常包括攝食、消化、吸收與排遺。例如構造簡單的草履蟲，其因為是單細胞生物，食物攝入後即進入細胞內，並藉由細胞膜包裹食物形成內含消化酵素的食泡，透過將酵素與食物融合的方式進行消化分解作用，此稱為胞內消化。而有些結構較為簡單的多細胞生物，則會以一個裝有食物的空腔來進行消化作用，稱為胞外消化，如水螅所具有的消化循環腔，空腔內壁會分泌消化酵素注入消化腔中，將大型食物分子分解形成較小型的分子。但隨後仍藉由胞內消化的方式，將這些較小的分子包裹為食泡，再分解成可讓細胞吸收的更小分子，最後再將不需要的廢物從同為攝食的入口排出。此外，多數結構較複雜的多細胞生物如蚯蚓、章魚、昆蟲、海星及脊椎動物等，攝食與排遺則均是透過分別的開口，且體內具有多處可裝有食物的空腔或管道，體內的消化器官依序有口、咽、食道、胃、腸與排遺的肛門。其中還有些生物種類具有特殊的消化腔，如蚯蚓與鳥類有能濕潤食物的嗉囊，以及含有小砂粒能負責研磨食物成小顆粒的砂囊，能使食物不僅變得較軟，也能切割得更細小，以便於消化分解。

哺乳動物的消化系統

脊椎動物中的哺乳類動物相較於其他生物，有著更為複雜的消化系統，能藉由器官之間的協調和互相影響來達成食物的消化吸收。依照攝食流程，食物從口進入便行經口腔、咽、食道、胃、小腸與大腸。一般食物從口腔進入至胃便開始進行初步的分解，將大分子物質切分成較小的分子，而到了小腸則是切分成為更細小且能吸收的物質分子，最後那些不能被消化且吸收的物質則進入大腸，待排出體外。

食物進入口中，便於口腔即開始進行軟化和初步的分解。口腔的牙齒能先撕裂、磨碎食物，初步將食物切細以增加與消化液接觸的表面積，同時唾液腺體會分泌唾液注入口腔中，除了用來濕潤食物，唾液中亦含有酵素—澱粉酶，可分解食物中的澱粉形成較小分子的多醣或單醣類。接著食物藉由吞嚥經過咽與食道，最後由食道末端進入胃中。胃為一個可暫時儲存食物的空腔，其內壁

哺乳生物的消化構造

哺乳動物的消化系統由各消化腔（器官）負責攝食、消化、吸收、排遺，而消化腔中具有腺體，能分泌包含分解酵素的消化液，來分解切割食物分子供個體吸收，使生物能從食物中取得養分，轉換成為運作生命所需的能量，並排放出不需要的廢物。

例 人類的消化系統：

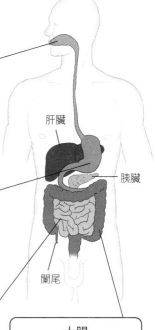

肝臟

胰臟

闌尾

攝食

↓ 進入

口腔
- 分解醣類。
- 唾液含有澱粉酶，可使多醣類分解為雙醣類。

↓ 進入

胃
- 分解蛋白質。
- 胃液中含有蛋白酶和鹽酸。蛋白酶可使蛋白質類分解成肽類；鹽酸則可軟化食物中植物的細胞壁，並且殺死細菌。

↓ 進入

小腸
- 分解醣類、脂質、蛋白質、核苷酸。
- 可分為前段的十二指腸和後段的小腸。
- 於前段的十二指腸處，由胰臟所分泌的胰液與小腸所分泌的腸液來分解醣類、蛋白質、脂質與核苷酸；其中亦有肝臟所分泌的膽汁，能乳化脂質。
- 於後段的小腸處吸收醣類、脂質、蛋白質、核苷酸及水。

進入 →

大腸
- 吸收水。
- 可分為結腸、盲腸和直腸等三段。
- 小腸吸收後剩餘的水分由結腸回收，產生的廢物則暫時儲存於直腸。

↓ 排出

體內無法再分解或吸收的物質和水分。

細胞會分泌胃液，其中包含有胃蛋白酶及鹽酸，胃蛋白酶能將蛋白質分解成為較小單位的肽類，而鹽酸的高度酸性（pH值約為2）則能破壞食物中蔬果的細胞壁使之軟化，此外還兼具殺菌效果，能殺死隨食物進入的細菌。

食物在胃中初步分解其中的蛋白質成分，隨著胃壁的蠕動，食物分子會與胃液充分混合，形成酸性的食糜（黏稠狀食團），而逐漸推進小腸。**小腸**的前段稱為十二指腸，主要功能是要將食糜中的養分轉換成為體內可吸收利用的小單位，是小腸進行消化作用的主要場所。十二指腸透過從胰臟分泌的胰液、膽囊分泌的膽汁，以及本身所分泌的腸液共同分解食糜。其中，胰液除了含有鹼性的碳酸氫根，可將酸性食糜中和外，尚包含有能將多醣類轉成單醣的胰澱粉酶、將蛋白質或肽類轉變成更小分子的雙肽類之各式蛋白酶、能分解核苷酸之核酸酶以及能分解脂肪的胰脂肪酶，因此在具有多種消化酶的胰液以及腸液（內含部分分解食糜的消化酶）的共同合作下，即負責了體內大部分的消化作用。而膽汁雖然沒有消化酶，但能將脂肪細切成脂肪小球（稱為乳化作用），再由胰脂肪酶分解成甘油與脂肪酸等較小單位的分子。除此之外，腸壁的細胞膜上還有能分解雙醣的雙醣酶，以及能分解雙肽為胺基酸的雙肽酶。在十二指腸將食物充分消化後，體內的吸收作用大部分會在十二指腸之後的小腸段運作。

小腸壁上均有著許多皺折、呈手指狀突起的絨毛，且每一絨毛上還有更微小的指狀突起稱為微絨毛，這些細微結構能增加小腸養分吸收的表面積，而加速養分的吸收。大多數的養分分子可透過高濃度向低濃度擴散或滲透的原理，和有些分子則靠著耗能的主動運輸、以及如葡萄糖、胺基酸等養分能伴隨鈉離子共同進入腸細胞的協同運輸等方式，由腸道中的腸壁細胞吸收。腸壁細胞中的養分再以主動運輸或攜帶蛋白所促成的便利性擴散（即藉由能攜帶養分分子的膜蛋白來達成物質擴散）等方式進入其下方的微血管網中。雖然，甘油與脂肪酸等養分也是以擴散方式進入腸壁細胞，但因甘油會在細胞的內質網中形成三酸甘油脂，並與膽固醇結合，由於所形成的分子太大無法進入微血管，而移入微血管旁屬淋巴系統（參見P94）的乳糜管中，再運送注入血液。不論經由微血管網或乳糜管匯集的大量養分，最終都會經由血液注入肝臟，以整合分配進行合成代謝、轉化並儲存養分與解毒等作用。

經過養分的吸收，小腸內壁細胞的養分濃度會高於腸道內，水分較少，所以滲透壓較高，使得大量水分也被吸收進入腸壁細胞，再進入微血管網，而最後小腸腸道中僅剩無法再分解和吸收的物質、水分，便會被推送進入大腸。

大腸主要執行水分的回收與廢物的暫時儲存。大腸分成結腸、盲腸與直腸等三段，結腸主要負責吸收未經小腸吸收的剩餘水分，回到體內循環。而銜接結腸後的盲腸，因內含能分解纖維素的細菌，能將纖維素分解為單醣，做為養分吸收或儲存，對草食性哺乳動物中尤其重要，因此其盲腸特別膨大。然而，

人類的盲腸則是一個退化性器官，幾無功能，因此人類便無法藉由盲腸來消化分解纖維素，盲腸的尾端有一像尾巴的突起稱為闌尾，其功能至今甚至仍不明確。而直腸是大腸的最末端，主要用以儲存那些無法再分解或吸收的物質，這些物質因大部分水分已在小腸與結腸吸收，而呈現半固體。當累積愈多，直腸內的壓力會不斷增高，而刺激到感覺神經產生便意，催促個體排遺。

此外，大腸內有許多共生細菌，例如大腸桿菌，以攝取大腸內的物質以維持生命，並代謝產生甲烷和硫化氫等氣體，即個體所排放的「屁」；而細菌亦會藉分解那些無法消化的殘渣而合成許多維生素，例如維生素B群、維生素K，讓大腸吸收供個體利用，因此腸道內的細菌與大腸內壁細胞即維持著相互供給所需而共同存活的共生關係。

小腸的養分吸收

小腸透過內部絨毛結構，進行養分吸收的過程：

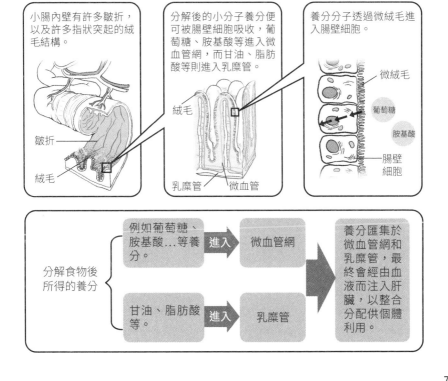

小腸內壁有許多皺折，以及許多指狀突起的絨毛結構。

分解後的小分子養分便可被腸壁細胞吸收，葡萄糖、胺基酸等進入微血管網，而甘油、脂肪酸等則進入乳糜管。

養分分子透過微絨毛進入腸壁細胞。

皺折
絨毛
絨毛
乳糜管　微血管
微絨毛
葡萄糖
胺基酸
腸壁細胞

分解食物後所得的養分
例如葡萄糖、胺基酸…等養分。　進入　微血管網
甘油、脂肪酸等。　進入　乳糜管
養分匯集於微血管網和乳糜管，最終會經由血液而注入肝臟，以整合分配供個體利用。

消化系統 ② 消化作用如何進行

神經系統能夠偵測進食的需求之外，亦能與消化器官一樣偵測消化狀態，然後由自主神經系統發布命令直接分泌消化液，或經由激素傳遞訊息使消化器官分泌消化液，透過消化液中的酵素，將所攝入的食物分解為可供吸收利用的養分。

消化系統如何運作

在消化系統中，即使尚未進食，只是看見食物或聞到食物的味道，便能引發自主神經系統（參見P51, P52）命令分泌唾液與胃液，因此在食物未入口前，唾液與胃液已經開始分泌，胃肌肉也開始蠕動，做好開始消化食物的準備，使食物一旦攝入口中便能即時進行分解。此外，儘管沒有看到或聞到食物，只要生理上的血糖濃度降低，便會刺激位於下視丘的食慾中樞發出增加食慾的訊息，使胃隨之增加蠕動頻率而發出咕嚕聲音，提醒自己需要攝食補充所需養分與能量。當食物經由食道進入胃後，在進食前便已分泌的胃液開始分解食物，同時，胃壁細胞亦感受到食物進入的刺激，將訊息傳至腸神經系統（參見P51, P52），下令胃中的內分泌細胞分泌一種稱為胃泌素的激素，繼續促進胃壁細胞分泌胃液與增進胃的蠕動，加強食物的消化分解。當胃液分泌愈多，胃液中強酸性的鹽酸便會回饋性地抑制內分泌細胞分泌胃泌素，進而減少胃壁細胞分泌胃液，以避免過多的鹽酸灼傷胃。

接著，當經過胃消化後的酸性食糜進入十二指腸時，腸內的內壁細胞偵測到此刺激，並將訊息傳至腸神經系統，命令小腸中的內分泌細胞分泌三種激素：胰泌素、膽囊收縮素與腸抑胃泌素，來調控十二指腸食糜消化的運作。其中，胰泌素會促進胰臟分泌含有碳酸氫根的胰液到十二指腸，中和酸性食糜，而膽囊收縮素則可促進膽囊收縮，排放膽汁，以及刺激胰臟分泌含多種酵素的胰液到十二指腸，來進行消化分解的作用；至於腸抑胃泌素則是能抑制胃液分泌與胃蠕動，減緩食糜進入十二指腸，而有足夠的時間讓食糜能充分地被分解。而生物所攝入的食物經由這些層層的消化作用，才能成為可吸收的養分分子，供個體利用。

分解食物有賴激素與酵素共同作用

消化過程即是透過神經系統中的自主神經系統，與消化器官一同偵測需要進食與消化狀態，由神經系統整合偵測訊息後發布命令，或使消化器官直接分泌消化液，例如胃液；或經由激素的分泌將訊息傳遞給消化器官，促使分泌消化液。再透過消化液中的各種酵素，例如口腔的唾液澱粉酶，胃的胃蛋白酶等，將食物層層分解。這些消化過程在激素的調控下，藉分泌不同的消化液及

其分泌量，使體內得以調節不同的酸鹼環境，提升消化液中酵素的活性，以最大效率來達成食物的分解，此外，亦使得生物體所攝入的食物分子能在適當時間流程分解且吸收，穩定消化過程。

激素與酵素共同調控消化作用

人體內消化作用的進行可藉由多種激素的分泌，刺激腺體分泌消化液，使消化液中的酵素能與食物充分作用，分解消化。

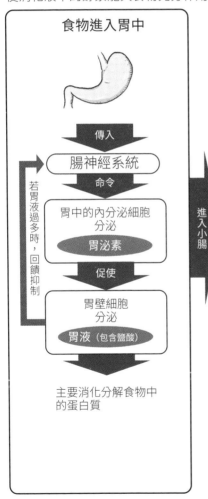

77

排泄系統 ① 生物體內廢物的排除

生物需都具有排泄廢物的構造與方式，並且藉此調節體內鹽類和水分的平衡，來維持體液的恆定。由於代謝蛋白質、核酸等養分會產生具有毒性的含氮廢物，因此生物能依據各自的生活環境條件和水分獲得的程度，發展出適合的廢物排放方式。

生物的排泄系統

　　生物會持續從外界攝取食物，藉由消化分解獲得所需的養分，供體內細胞進行各代謝反應，而後產生體內已不需要的廢物或過量的成分，包括有二氧化碳、含氮廢物、毒素及水分與鹽類如礦物質等。其中二氧化碳與部分水分可經由呼吸作用排出；含氮廢物、鹽類與部分水分亦可經由流汗而排放，然而大部分的含氮廢物、毒素、多餘鹽類與水分則是藉排泄器官的濃縮與短暫儲存後才排出體外。排泄系統的運作一方面能使個體排出廢物，避免廢物累積於體內，另一方面則能調控水分滲透壓與鹽類濃度的平衡，維持組織間液與血液中成分的恆定。

水分平衡機制隨生物而有所不同

　　生物因生活於不同環境條件下，體內水分的平衡機制大不相同。大部分生活於海水中的無脊椎動物或構造較為簡單的生物，因體液與海水鹽度同等高，滲透壓均等，而無需調節水分。但若生活於淡水中，因體液的鹽度較高，使體液的滲透壓較淡水低，水便會不斷地滲透進入生物體內，因此必須具有特殊的器官構造來排出體內過多的水分，以免水分漲破細胞，危及生命，例如原生動物中的變形蟲或草履蟲均具有能將水分排出體外的構造「伸縮泡」。此外，那些個體結構較為複雜的生物，也分別具有專責水分調節的構造，例如渦蟲等扁形動物具有「原腎管」、蚯蚓等環節動物具有「後腎管」，以及蝗蟲等昆蟲具有「馬氏管」等，均為體內負責收集組織間液的空腔，將過多的水分與廢物排出。而脊椎動物更是具有複雜結構的排泄器官包括腎臟及其連接的小管，以及儲存廢液的膀胱等組成的排泄系統，維持體液的恆定。

不同生物的含氮廢物排放方式

　　由於生物所攝入的食物均會包含有蛋白質和核酸等成分，經體內的代謝分解後會產生含「氮」的廢物—氨（NH_3），氨對生物體來說具有較高的毒性，其腐蝕性強會損害個體組織，必須排出體外，因氨易溶於水，因此多數的水生動物如魚、蝦、水母等，會以大量水分來稀釋氨的濃度，使氨從體內直接擴散排出體外。但陸生動物的生活環境較為乾旱，無法以大量水分來稀釋氨，因此必須消耗體內能量將氨轉化成其他化學物質後排出，例如昆蟲、鳥類與部分爬蟲

類必須將氨轉化成為毒性小的「尿酸」後排放。因尿酸難溶於水，因此會經由體內代謝消化後形成沉澱物，再以半固體的形式隨著糞便一起排出。又例如哺乳類與大部分的兩生類生物則是以「尿素」的形式來排放含氮廢物，因為尿素的毒性遠較於氨小，可在體內累積至一定的濃度才排放，並且可經過排泄系統高度濃縮後再排出，少部分還可留在體液中參與排泄作用中濃縮尿液的過程，維持滲透恆定。

生物的排泄系統

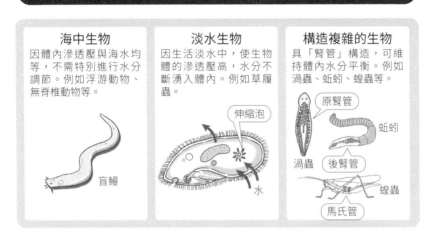

海中生物
因體內滲透壓與海水均等，不需特別進行水分調節。例如浮游動物、無脊椎動物等。

盲鰻

淡水生物
因生活淡水中，使生物體的滲透壓高，水分不斷湧入體內。例如草履蟲。

伸縮泡

水

構造複雜的生物
具「腎管」構造，可維持體內水分平衡。例如渦蟲、蚯蚓、蝗蟲等。

原腎管

蚯蚓

渦蟲

後腎管

蝗蟲

馬氏管

生物體內含氮廢物的排除

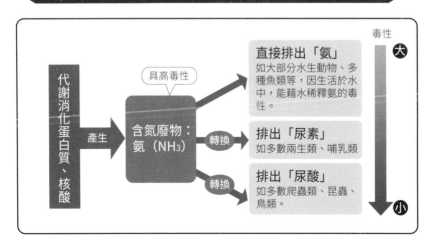

代謝消化蛋白質、核酸

產生

具高毒性

含氮廢物：氨（NH_3）

轉換

轉換

毒性

大

小

直接排出「氨」
如大部分水生動物、多種魚類等，因生活於水中，能藉水稀釋氨的毒性。

排出「尿素」
如多數兩生類、哺乳類

排出「尿酸」
如多數爬蟲類、昆蟲、鳥類。

排泄系統 ② 脊椎動物體內排泄作用與恆定機制

脊椎動物的排泄系統中，腎臟為形成尿液和調節水分、鹽類的主要器官，其能在神經系統的整合調控下，與內分泌系統協調合作，以過濾、分泌及再吸收等作用來濃縮尿液，將尚可利用的養分和水分保留於生物體內，減少流失。

脊椎動物的排泄作用

　　個體結構複雜的脊椎動物所具有的排泄系統，包含保留了無脊椎動物腎管構造的**腎臟**、輸送尿液的**輸尿管**、儲存尿液的**膀胱**及排出尿液的**尿道**等器官組織。以人類來說，個體的背側左右各有一個腎臟，腎臟由裡至外分為腎皮質與腎髓質兩部分，並由腎元與微血管網組成一個個子單位排列於髓質和皮質之間。其中，腎元是形成尿液的處所，包含鮑氏囊、腎絲球、近曲小管、亨氏套、遠曲小管與集尿管等構造。鮑氏囊多位於外側的腎皮質中，是一個包覆著腎絲球的空腔，腎絲球則是由交錯縱橫的微血管所組成的球狀微血管網，此處因血壓的壓迫會迫使血液中的成分如葡萄糖、胺基酸、鹽類、含氮廢物（尿素為主）及水分等從微血管中濾出，而初步過濾血液中的成分，再由包覆著腎絲球的鮑氏囊收集這些成分進入近曲小管中，並從近曲小管開始回收濾液中的養分和水分回到體內利用，此外，近曲小管的管壁細胞也會分泌有毒性的代謝廢物進入管道中，準備排出。濾液進入亨氏套與遠曲小管後，仍會繼續回收著僅剩的鹽類和水分，並藉這些離子成分的進出調整濾液的酸鹼度，濃縮濾液，最後進入集尿管中再次回收水分，濃縮形成最終排出的尿液。接著所有腎元中的集尿管會將所有尿液匯入輸尿管中，到達膀胱暫時儲存。當尿液累積達一定量時，膀胱便感受到壓力，使個體產生尿意，而將其排出體外。因此脊椎動物所排出的尿液能在腎臟層層的吸收作用下，盡可能地保留體內仍可利用的養分和水分，來減少流失。

維持水分恆定的機制

　　和體內多數系統一樣，尿液的濃度也能由神經系統與內分泌系統共同調控，就如腎臟對水分的吸收，大致可分有三種控制機制：①如因運動而大量流汗，水分的流失使體內血液的滲透壓下降，此時下視丘的滲透壓受器接收訊息後，下視丘即命令腦下腺後葉分泌「抗利尿激素」，經血液到達遠曲小管與集尿管，來加強水分的吸收，減少流失；反之，若個體攝取過多的水分，下視丘即命令腦下腺後葉減少抗利尿激素的分泌，將過多的水分排出；②腎元中的腎絲球分泌的腎泌素、血管收縮素與醛固酮一系列的釋放，能增加腎元對水分的

保留。當腎絲球處的組織感應到血壓或血量降低時，會分泌「腎泌素」來活化血液中的「血管收縮素」，使血管收縮，血壓回升，並且能刺激近曲小管對鹽類與水分的吸收，使水分能回到血液中保留下來；此外，當血管收縮素行經腎上腺時，亦會促使腎上腺釋放激素「醛固酮」，作用於遠曲小管，來增加鈉離子的吸收，提高溶質濃度，以連帶使水分滲透進入微血管中而保留。③當血液流經心臟，心臟偵測到血壓及血量上升，血中水分較多，便促使心臟的心肌纖維分泌激素「心房排鈉素」，來抑制腎泌素的分泌，並間接地抑制醛固酮對遠曲小管的作用，降低水分滲透入微血管，使血壓及血量下降。

脊椎動物尿液的排除

人類的排泄系統包括腎臟、輸尿管、膀胱、尿道等器官或組織，共同來達成尿液的排除。

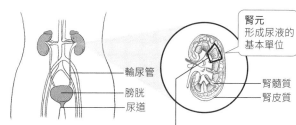

輸尿管
膀胱
尿道

腎元
形成尿液的基本單位

腎髓質
腎皮質

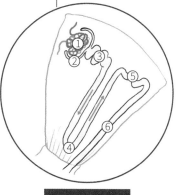

①腎絲球
為微血管所組成的球狀微血管網，養分、水分與排泄廢物從微血管中滲出。

②鮑氏囊
過濾由腎絲球所滲出的物質，將這些物質及水分吸收進入近曲小管中。

③近曲小管
回收葡萄糖、胺基酸、維生素、鹽類及水分，並且排出有毒性的廢物。

④亨氏套
回收水分和鹽類。

⑤遠曲小管
●回收水分和鹽類。
●抗利尿素與醛固酮的作用處。

⑥集尿管
●回收鹽類和水分。
●抗利尿素作用處。

所有腎元匯集

輸尿管

進入

膀胱，短暫儲存

進入

尿道，排除

Chapter4

維持生命的基礎條件2：循環與免疫

生物的循環系統是體內負責運輸水分、養分及廢物等物質循流全身的各式細胞、組織及器官的總合，其中包含了負責乘載物質的細胞如紅血球、協助各種物質及細胞流動的血液、淋巴液等液體，再透過推送液體的幫浦如心臟，才能順利地達成供應及排除等循環目的。而免疫系統也必須在循環系統的協助下，才能將免疫細胞運送至所需之處，全面性地進行防禦，以維持個體健康的狀態。

學習重點

- 循環系統是由哪些組織器官所組成?
- 循環系統的動力來源?如何運作?
- 體內的血管有哪些?其功能和特性分別為何?
- 血液的組成為何?具有哪些功能?
- 免疫防禦系統的核心細胞與系統為何?
- 先天免疫系統的組成與功用為何?
- 後天免疫系統的組成與功用為何?
- 為何會導致免疫功能異常?

循環系統

生物體內的循環系統主要是由心臟和血管組成，能運載物質循流全身，使個體全身都能以物質交換的方式，獲得所需的水及營養物質、氧氣等，同時將二氧化碳、尿素等廢物運送至肺臟、腎臟等排泄器官排除，藉此維持生物體的體溫、酸鹼值，使生物體呈現穩定的狀態。

生物的循環系統

　　細胞是透過擴散作用與外界不斷進行物質交換，藉此獲得所需的養分。體型較小的生物體例如扁形蟲，細胞僅須透過簡單的擴散作用與細胞周圍的物質進行交換，就足以提供生物體所需的養分和水分。然而，對於多數的無脊椎動物與所有的脊椎動物等體型較大的動物來說，這樣的物質交換方式太過緩慢，無法滿足牠們對於營養、水分以及排除廢物的需求，因此進而發展出「循環系統」來解決這個問題。

　　循環系統能讓生物體靠著體內循流全身的血液或血淋巴等介質進行物質交換，運輸生理運作所需的各種物質、和排出廢物，以維持生理平衡的功能。動物的循環系統可依體內是否具有封閉且遍及全身的管道分為「開放式循環系統」及「閉鎖式循環系統」。昆蟲、蝦、蟹等節肢動物與蛤蠣、章魚等多數的軟體動物屬開放式循環系統，其體內的「血液」多半不具有紅血球，僅具有白血球和攜氧的血紅蛋白等，統稱為「血淋巴」。血淋巴從心臟直接輸出至體腔內，與體內其他的組織液混合，體內的細胞則直接與混合的液體進行物質交換，之後這些混合的液體會再進入心臟，完成一次循環過程。至於多數的動物則是具閉鎖式循環系統，能從心臟將血液經由血管運輸至生物體的各個部位，並透過位於全身多處的微血管做為物質交換的場所，管控血液中成分的進出，使物質交換更具效率。

血液及淋巴液循流於動物全身

　　具有閉鎖式循環系統的多數動物，其循環系統的結構亦相類似，大致上均由心臟、動脈、微血管和靜脈所組成，且具有能輸送裝載著養分、水分等物質的「血液」做為物質交換的重要介質。以人類為例，循環系統的運作方式主要可分成三大部分：①肺循環：是心臟與肺臟間的血液循環，血液能在肺臟進行氣體交換以取得更多的氧氣。由心臟將充滿較多廢氣（如CO_2）的血液輸送至肺臟，依序經過肺動脈、肺微血管，最後將氣體交換後含有較多氧氣的血液經肺靜脈送回心臟，再由體循環將含氧量高的血液運送至全身。②體循環：是心臟與全身組織和細胞間的血液循環，能將肺循環後含氧量高的血液運送至全身各處，以供利用。含氧量高的血液由心臟開始輸送出，依序經過大動脈、肺以外

的其他動脈與小動脈、微血管，最後將含氧量低（廢氣量高）的血液經由肺以外的其他小靜脈、大靜脈送回到心臟，以再次進入肺循環交換取得更多氧氣。

③**淋巴循環**：是淋巴液於全身的循環，淋巴液中具有豐富的防禦性蛋白球，循流全身以清除體內有害物質，阻止有害物質蔓延全身（參見P94）。血液中部分的液體會進入組織中形成組織液，而組織液若是進入淋巴管即為「淋巴液」。淋巴液即由淋巴管輸送至全身，最後右上半身的淋巴液會匯集到「右淋巴總管」，並注入「右鎖骨下靜脈」，其餘的淋巴液則匯集到「胸管」，並注入「左鎖骨下靜脈」。而最後所有的淋巴液會進入「上腔靜脈」回到心臟，完成淋巴循環。

info 植物也有循環系統

對於通常著生於固定位置的植物而言，高等植物如榕樹等種子植物以及杜鵑等開花植物等，在植物的莖與葉中均具有「維管束」的構造，可做為植物循環系統主要的運輸結構。維管束在不同的植物中有不同的排列方式，有的是不規則的分布，有的則以環狀排列呈現。維管束中運輸水分的細胞排列成管狀，形成「木質部」，運輸養分的細胞也排列成管狀，形成「韌皮部」，兩者均貫通植物個體全身，藉此得以進行全身性的水分與物質交換，供給植物所需的養分與水分。

動物的循環系統

開放式循環系統

心臟將血淋巴直接輸出至體腔內，與體內其他組織液混合並與體內的細胞進行物質交換，之後混合的液體會再匯集流回心臟。

例 蝗蟲等節肢動物具有的開放式循環系統。

進出皆為含氧血、缺氧血以及組織液三者混合的液體。

閉鎖式循環系統

心臟將血液經由血管運輸至生物體各個部位，並於微血管處進行物質的交換。之後血液再經由血管回到心臟。

例 人類的循環系統分有三部分：

體循環　血液從心臟輸出至全身的循環。

送入含氧血　　送入缺氧血

肺循環　血液從心臟輸出至肺臟的循環。

含氧血

大動脈含氧血 → 進入 → 小動脈含氧血

經微血管 → O_2進入全身

心臟 ← 進入 ← 大靜脈缺氧血 ← 進入 ← 小靜脈缺氧血

缺氧血

肺動脈缺氧血

經微血管 → 交換取得O_2

心臟 ← 進入 ← 肺靜脈含氧血

淋巴循環　淋巴液從血液中滲出流經全身再回到心臟的循環。

身體右上半身的淋巴液匯集到右淋巴總管。

其他淋巴液匯集到胸管。

注入 → 右鎖骨下靜脈 → 進入 → 上腔靜脈回到心臟

血液循環的中樞——心臟

心臟是動物循環系統的中樞。其中，脊椎動物主要利用心臟中心房和心室等空腔裝載血液，透過心臟如幫浦一般地收縮與舒張，將富含氧氣、養分的血液送至全身，同時，運回的缺氧血液也會再經由心臟送入肺臟中，再次交換取得氧氣，形成充氧血，以供下次全身循環利用。

動物的心臟結構

動物固然以心臟為循環系統中樞，但不同的動物其心臟結構不盡相同。章魚、蝦、昆蟲等無脊椎動物雖然有心臟做為循環系統的中樞，但結構仍較為簡單，僅由肌肉構成一個管狀的腔室，能同時輸送的血液量很少。而脊椎動物的心臟結構則較為複雜且厚實，主要均具有「心房」及「心室」等空腔，心房心室間也均具有能阻止血液回流的「瓣膜」構造。其中，魚類只有一個心房與一個心室可主導「鰓循環」與「體循環」。鰓循環始自魚的心室收縮後，將充滿二氧化碳的血液送至鰓中，把血液中的二氧化碳排出，並促使血液從鰓獲得充足的氧氣，接著血液會直接進入體循環，把氧氣輸送至全身各處，血液則在微血管進行氣體和物質交換，最後將交換得到的二氧化碳隨血液送回至心臟的心房中，心房收縮將血液送回至心室，完成一次循環。這個循環過程只經過心臟一次，因此又稱為「單循環」。

青蛙、蟾蜍等兩棲類的心臟則是有兩個心房，分別是左心房與右心房，以及一個隔間不完全的心室。兩棲類的心室經收縮，將血液分別送至肺臟以及身體其他組織中。送至肺臟的部分稱為「肺皮循環」，來自於體循環運回的缺氧血液被送入肺臟後，將二氧化碳排出並獲得氧氣。之後含氧血會運回至左心房，並重新回到心室中。此含氧血會被送往身體其他組織，供應全身氧氣，此則稱為「體循環」，交換後的缺氧血會運回至右心房，之後同樣流至心室中。因此一個心室中會含有來自於左心房與右心房的混合血液。由於一次心室收縮，血液會從心室分別進入二個不同的循環中，最終再分別回到心臟，故稱為「雙循環」。雖然兩棲類的心室有突起的構造可稍微區隔來自左心房與右心房的血液，但效果仍不佳，含氧的血液與缺氧的血液容易在心室中相互混合，使氣體交換的運作效率較有兩心室的動物差。另外，有些爬蟲類如蜥蜴、蟒蟒等，其心臟結構也是兩心房一心室，但心室與心房間幾乎沒有分隔，含氧血和缺氧血就更容易混合在一起，使得氣體交換效率又更差了。

　　心臟結構最複雜的當屬鳥類與哺乳類，不僅有兩個心房（左心房與右心房），還有兩個心室（左心室與右心室）。以人類的心臟為例，人類同樣為雙循環系統，分別進行「肺循環」與「體循環」。經右心室收縮，將缺氧的血液送至肺臟釋出二氧化碳、換回氧氣，獲得充足氧氣的血液再運回到左心房，左心房的血液會送至左心室，此過程稱做肺循環。之後左心室經收縮，則將含氧的血液送至全身各處進行氣體交換，之後缺氧的血液回流到右心房，接著流至右心室，此過程稱做體循環。由於鳥類與哺乳類的心房與心室皆有兩個且能完全分隔，故不會有含氧的血液與缺氧的血液互相混合的問題，氣體交換的效率較佳。

節律點控制動物的心跳

　　心臟為循環系統的中樞，透過心臟收縮跳動所產生的幫浦作用可調控血液輸出與回流，而「節律點」即是控制心臟收縮跳動（心搏）的主要構造。以人類為例，節律點位於右心房壁上，當節律點發出訊號時，會先刺激兩側心房，使兩側心房收縮，將血液送往心室。接著訊號傳遞至右心房和右心室間的肌肉組織「房室結」，刺激兩側心室使心室收縮產生壓力，將血液從心臟推送往肺臟或是全身各處。節律點是按照一定的節律發送訊息，使心臟規律地跳動，但若生理出現異常便會影響節律作用，改變心臟跳動的節奏，如體內產生的腎上腺素與甲狀腺素等激素時，以及當體溫升高，體內的二氧化碳濃度上升…等，均會刺激節律點使心搏加快。

脊椎動物的心臟與循環結構

魚類的心臟

僅有一心房與一心室相連。

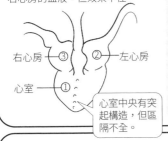

- 心室
- 心房

血液循環方式屬單循環系統

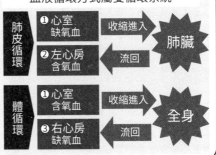

| 心室 缺氧血 | 收縮進入 → | 鰓 充氧血 |

換得O₂進入全身組織。

經微血管

| 心房 缺氧血 | ← 流回 | 全身 缺氧血 |

兩棲類與爬蟲類的心臟

僅有一心室與左右兩心房。心室中央有突起構造可稍微區隔來自左、右心房的血液，但效果不佳。

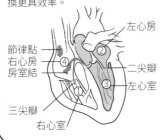

- 右心房 ③
- 左心房 ②
- 心室 ①

心室中央有突起構造，但區隔不全。

血液循環方式屬雙循環系統

肺皮循環

- ① 心室 缺氧血 — 收縮進入 → 肺臟
- ② 左心房 含氧血 — 流回 ←

體循環

- ① 心室 含氧血 — 收縮進入 → 全身
- ③ 右心房 缺氧血 — 流回 ←

鳥類和人類的心臟

均具有兩個心室和兩個心房，能分隔含氧血和缺氧血，使物質交換更具效率。

- 左心房
- 節律點
- 右心房
- 房室結
- 二尖瓣
- 左心室
- 三尖瓣
- 右心室

血液循環方式屬雙循環系統

肺循環

- ① 右心室 缺氧血 — 收縮進入 → 肺臟
- ② 左心房 含氧血 — 流回 ←

體循環

- ③ 左心室 含氧血 — 收縮進入 → 全身
- ④ 右心房 缺氧血 — 流回 ←

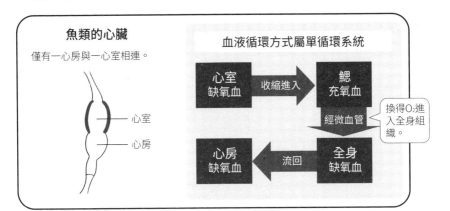

循流全身的血液

脊椎動物的血液主要由「血漿」及「血球」構成，血漿中含有各種養分、血漿蛋白以及代謝廢物，而體內不同的血球細胞則分別扮演著運輸氧氣、止血以及參與生物體防禦機轉等角色。

血液成分1──血漿

　　脊椎動物的血漿是血液中主要的液體，許多物質溶於其中，並藉此運輸至全身各處。以人類為例，血漿約占血液的五十五％，其中九十％為水，其他的十％為身體各組織細胞所需的養分，例如葡萄糖、胺基酸、脂肪酸、無機鹽類等，這些養分主要是來自於消化道吸收後所獲得。血液中也含有蛋白質，稱之為「血漿蛋白」，血漿蛋白主要由肝臟製造，可用以維持血液的酸鹼性，以利組織與血液進行物質交換；部分的血漿蛋白可和脂質、礦物質以及體內所分泌的一些激素結合，並將這些物質運輸至全身各處供應及調節生理運作。此外，血漿中也包含了生物體代謝後產生的廢物，例如從肝臟產生的尿素及尿酸會融入血漿，之後再經過腎臟產生尿液，由尿液排出。

血液成分2──血球

　　血液中的血球是一種細胞，脊椎動物的血球包含紅血球、白血球與血小板。以人類為例，血球約占血液的四十五％，且其中有九十九％為「紅血球」，其他則分別由「血小板」與「白血球」組成。紅血球為運載氧氣的重要細胞，除了哺乳動物的紅血球不具細胞核外，其他脊椎動物的紅血球均具有細胞核。人類的紅血球同樣也不具有細胞核，因此細胞中央塌陷，形狀呈現雙凹圓盤狀。在幼兒時期紅血球則是由肝臟和脾臟所製造，到了成人時期則是由骨髓所製造。成人男性體內約有五百萬顆以上的紅血球，女性則略少，約為四百萬顆以上。紅血球的主要成分「血紅蛋白」是一種能與氧氣結合的特殊蛋白，這是因為每個血紅蛋白上具有四個「血紅素」分子可與氧氣結合，以使紅血球能攜帶氧氣隨血液運送至全身各處。而血紅素與氧氣結合量的多寡，會使紅血球有不同程度的顏色變化，若與血紅素結合的氧氣較多，紅血球即呈現鮮紅色，反之則呈現暗紅色。

　　血小板並非完整的細胞，而是細胞的碎片，是由骨髓中的「巨核細胞」外圍脫落所形成。血小板為血液中負責凝血與止血的主要成分，當人體血管破裂時，血小板會大量附著至血管內受傷處，形成第一層聚集的血小板，並釋放ADP分子。ADP分子可使血小板產生黏性，使其他的血小板能附著至第一層血小板上，附著之後的血小板也會持續釋放更多的ADP，使其他血小板能不斷附著上

去，最後形成血栓，將傷口堵住並止血。由於正常未受傷的血管其管壁會分泌一種激素「前列環素」，以抑制血小板聚集，故血小板並不會附著至沒有受傷的血管壁處，以免堵塞血管。

白血球是構成身體防禦系統的主要細胞（參見P95, P96），因缺乏血紅素，故沒有顏色，體型則較紅血球大。於人體內共可分有嗜中性球、嗜伊紅性（嗜酸性）球、嗜鹼性球、單核球以及淋巴球等五種。

血液的組成

血漿 （占血液的55%）

水	養分	代謝廢物	血漿蛋白
水約占血漿的90%，能夠調節體溫、平衡體內酸鹼值等。	由食物分解而來的葡萄糖、胺基酸、脂肪酸、無機鹽類等養分，也會溶於血漿，運送至所需的組織器官中。	分解食物所產生的代謝廢物如尿素及尿酸等，也會透過血漿進入排泄器官，而排出體外。	由肝臟製造，可維持血液的酸鹼性。部分還可與脂質、礦物質以及體內所分泌的一些激素結合，同時將這些物質運輸至全身各處。

血球 （占血液的45%）

紅血球	白血球	血小板
●紅血球約占所有血球含量的99%。 ●主要負責體內氣體的運輸，如其中所具有的血紅蛋白可與氧氣結合，以輸送氧氣至全身。	●身體防衛機制的主要參與細胞。 ●在人體中共有五種白血球，分別為嗜中性球、嗜伊紅性球（嗜酸性球）、嗜鹼性球、單核球以及淋巴球。	●由巨核細胞外圍脫落所形成，為血液中負責凝血與止血的主要成分。

遍及全身的血管系統

多數動物具有的閉鎖式循環系統，其血液由心臟輸出後，必須經由血管的輸送才得以將血液運送至全身各處，進行物質與氣體交換。生物體內的血管可依不同的運送功能分為動脈、靜脈和微血管。

動脈系統

多數動物具有的閉鎖式循環系統，血液由心臟輸出後，必須經由血管的輸送才得以將血液運送至全身各處，進行物質與氣體交換。生物體內的血管可依不同的運送功能分為動脈、靜脈和微血管。「動脈」是心臟運送血液到全身各器官的主要血管，其血壓最高，血液的流動速度也最快。以人類為例，動脈由內而外分有內層、中層與外層，內層富有彈性，由一層內皮細胞組成，中層由平滑肌組成，外層則為結締組織。人體全身除了肺動脈外，體內所有動脈中的血液皆富含氧氣，負責將氧氣送至全身組織供利用。

此外，人體的動脈可依管徑的大小，由大至小分為主動脈、動脈與小動脈。主動脈與動脈皆由於具有較大的管徑且管壁較厚，故為動脈系統中快速輸送血液的主要管道。當動脈到達體內各器官時，會分枝形成管徑相對較小的小動脈，以減緩血液流動的速度，且依照生理的需求分配不同血量至器官中。

當心臟收縮時，會將大量的血液灌注至動脈中，動脈瞬間承受的壓力變大而使動脈管徑擴張。若是動脈接近身體表面，則可感受動脈隨著心臟跳動的現象，此現象即為「脈搏」。

靜脈系統

「靜脈」是將經由動脈送至身體各部位的血液送回心臟的血管。靜脈的結構組成與動脈類似，但富有彈性的組織以及平滑肌遠比動脈來得少。靜脈的管壁比動脈薄，管徑也比動脈大，同樣依照管徑的大小由大至小可分為大靜脈、中靜脈與小靜脈。全身也除了肺靜脈外，所有靜脈的血液皆為含氧量低的血液，且血壓也較低，也沒有脈搏現象。此外，靜脈系統中較特別的是，在個體下肢等處管壁較大的靜脈內，每隔一段距離就會有動脈所沒有的「瓣膜」構造，可防止靜脈在沒有運送的動力下，造成血液逆流，也讓靜脈中的血流順著回到心臟，而不會讓心室中的血液反向灌注於靜脈中。

微血管系統

動脈與靜脈之間具有微血管，其僅有一層細胞（內皮細胞）的厚度，是所有血管中管壁最薄的血管，有利於細胞和血液、組織之間進行物質與氣體交換，因此為生物體內氣體與物質交換的場所。微血管的彈性最差且管徑最小，其血流流速也是最慢的，血壓則是居於動脈及靜脈之間。

於微血管處的氣體交換形式會隨著微血管的所在位置不同而有差異。位於肺中的微血管，由於肺微血管中的氧氣濃度小於肺泡中的濃度，氧氣藉由「擴散作用」由高濃度的肺泡中移至低濃度的微血管中。而在身體其他部位的微血管，由於微血管中的氧氣濃度高於組織細胞中的濃度，經由擴散作用後，高濃度的氧氣會由微血管進入組織細胞。另外，微血管可透過「胞飲作用」，將大分子物質帶入微血管的內皮細胞中，再透過「胞吐作用」，將物質傳遞至周圍組織，小分子物質則可透過最簡單的擴散作用直接與組織間進行物質交換。

人體的血管系統

	動脈 負責將血液由心臟運送至個體組織	微血管 血液流至此處進行氣體、物質的交換	靜脈 負責將組織中的血液運送回心臟
血液顏色	鮮紅色 （除了肺動脈之外）	鮮紅到暗紅漸層	暗紅色 （除了肺靜脈之外）
血壓	最高	居中	最低
血流	最快	最慢	居中
平均管徑	居中	最小	最大
彈性	最佳	最差	居中
瓣膜	無	無	有

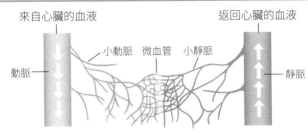

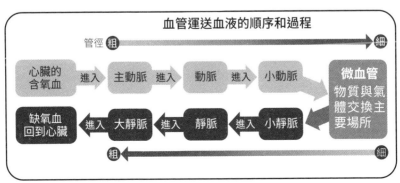

血管運送血液的順序和過程

免疫防禦系統

生物體的免疫防禦系統在抵抗有害物質、保護生物體免於外來物質的傷害上扮演了關鍵性的角色。以人類為例，白血球是免疫系統中最主要的細胞，與淋巴系統一同建構人體主要的防禦機制，共同抵抗有害物質的入侵。

身體防衛的能力──免疫力

　　生物體經常受到來自外界有害物質的威脅，例如細菌能侵入生物體，並自行繁殖及釋放毒素對生物體產生危害；又如病毒，雖然無法像細菌能自行繁殖，但可將自身的核酸分子注入生物體細胞中，與生物體的細胞共存，除了可從生物體的細胞中獲得所需的能量外，還能獲取所需的養分，藉此影響生物體內的代謝與各種反應，使生物體受到損傷。對此，生物體亦發展出具有抵抗有害物質的基本能力—免疫力，除了能對抗細菌、病毒等病原體，還具有消滅不正常細胞、排斥外來的組織細胞及移除體內老化的細胞等功能。

淋巴系統為生物的免疫防禦系統

　　脊椎動物中主要的免疫防禦系統稱為「淋巴系統」，也是循環系統的一部分。以人類為例，淋巴系統是由「淋巴液」、「微淋管」、「淋巴管」、「淋巴組織」與「淋巴器官」所構成。體內的組織液（血漿從微血管滲入組織的液體）藉由擴散作用進入微淋管後即為**淋巴液**，成分與組織液幾乎相同，除了含有水、蛋白質、各種營養物質如醣類、脂肪酸等，還包含有白血球。**微淋管**和淋巴管都是用來輸送淋巴液的管道，微淋管是最小的淋巴管，構造類似微血管，同樣由單層的內皮細胞所構成，但微血管兩端會與動脈和靜脈相連，而微淋管末端並無與其他管線相連，呈現封閉的狀態，且個體全身除了中樞神經系統或軟骨等部位外，微淋管和淋巴管幾乎是布滿全身各處，以供淋巴液循流全身與即時防禦。

　　多條細小的微淋管會將淋巴液匯集注入較大的一條淋巴管中，而**淋巴管**內和靜脈一樣每隔一段距離即有一個瓣膜構造，可避免淋巴液再回流至微淋管中。至於**淋巴組織**主要是儲存與過濾淋巴液的地方，以除去淋巴液中異常的物質，並且能製造部分的淋巴球。人體中主要的淋巴組織為位於口腔深部兩側的扁桃腺以及遍布消化道、呼吸道與泌尿生殖等系統的黏膜層淋巴組織等。結合淋巴組織、結締組織以及皮膜組織即構成**淋巴器官**，人體中包括脾臟、胸腺、骨髓以及淋巴結等均為淋巴器官，是白血球生成及發育的主要場所，且具有過濾淋巴液中細菌的功能而淋巴組織與淋巴管交會聚集之處則所構成的**淋巴結**，可製造部分的淋巴球，並可過濾侵入的病原體或是人體產生的癌細胞，避免其

擴散至全身。而脾臟是人體中最大的淋巴器官，平時可儲備血液以供不時之需，同樣可過濾人體中的病原體，並可移除衰老的紅血球。當人體受外界入侵病原體時，淋巴系統會透過淋巴器官或組織過濾病原體，可減緩病原體的擴散，並產生大量的白血球，以攻擊外來的入侵物、減輕病原體對人體的傷害。

免疫防禦的主要細胞──白血球

　　白血球是脊椎動物用以免疫防禦病原侵入的主要細胞，在免疫防禦系統中扮演重要的角色，可吞噬有害病菌並予以破壞，且能將受到傷害或是死亡的細胞清除。若是生物體內產生癌細胞時，白血球也能將其消滅。由於白血球存於血液中，一旦細菌或是病毒入侵時，白血球可透過血液的輸送立即到達入侵的部位進行防衛工作。

　　以人類為例，人體內的白血球（包括淋巴球）共分為五種：①嗜中性球：約占人體內白血球總含量的六十～七十％，具有吞噬的功能，是抵禦細菌入侵的最主要防線之一。當細菌入侵時，人體內的嗜中性球含量會急速上升並吞噬入侵的細菌。故當人體中嗜中性球的含量異常上升時，通常代表有細菌感染。②嗜伊紅性球（嗜酸性）：約占白血球總含量的一～四％，能夠殺死入侵體內的寄生蟲。③嗜鹼性球：約占白血球總含量的〇‧二五～〇‧五％，是所有白血球中含量最少的一種，其功能至今仍有許多爭議，尚未明確。但已知嗜鹼性球可以產生「組織胺」，引起發炎反應，促使血管擴張以增加血流量，藉此帶來更多具有吞噬能力的白血球，以清除外來病原。④單核球：約占白血球總含量的二～六％，由骨髓製造後，仍會繼續發育，最後成熟時即稱為「巨噬細胞」，其生命週期很長，可存活數個月至數年以上，於體內是以吞噬的方式來清除病原體。⑤淋巴球：由淋巴系統所製造的淋巴球，約占白血球總含量的二十五～三十三％。主要分成「T淋巴球」（T細胞）與「B淋巴球」（B細胞）兩種。T淋巴球由骨髓製造後，從骨髓移到胸腺後才發育成熟，有些特定的T淋巴球可在侵入的細胞上打洞，並注入某些化學物質導致不正常的細胞例如癌細胞或是被病毒入侵的細胞等死亡。而B淋巴球則是在骨髓中製造即發育成熟，能生產「抗體」，使其與外來且能夠引起免疫反應的物質（又可稱為「抗原」）結合，供吞噬細胞辨識，以協助吞噬細胞進行吞噬作用（參見P100）。

人體的免疫防禦系統

免疫防禦系統

白血球
人體內免疫防禦的主要細胞

淋巴系統
人體內免疫防禦的主要系統

嗜中性球
- 占白血球總含量60～70%。
- 主要防禦對象為細菌，當人體遭受到細菌的感染，嗜中性球會增加，吞噬入侵的細菌，因此是人體細菌感染的主要指標。

嗜伊紅性球
- 占白血球總含量1～4%。
- 可殺害入侵體內的寄生蟲。

嗜鹼性球
- 僅占白血球總含量0.25～0.5%，是所有白血球含量最少的。
- 可合成、分泌「組織胺」引起發炎反應。

單核球
- 占白血球總含量2～6%。
- 由骨髓製造後仍繼續發育，直至成熟形成「巨噬細胞」，能以吞噬的方式消滅病原體。

淋巴球
- 占白血球總含量25～33%。
- 主要分有B細胞和T細胞兩種淋巴球，分別能針對特定的病原體進行抵禦。

人體內的淋巴系統

淋巴系統

為脊椎動物的主要免疫防禦系統，使生物體受外來物質侵害或生物體受損傷時，能抵抗、消滅病原體和不正常細胞。

淋巴器官

● 淋巴組織、結締組織與皮膜組織構成淋巴器官。
● 為白血球生成及發育的主要場所。
例 脾臟、胸腺、淋巴結、骨髓等。

↑ 組成

淋巴組織

人體內生產、儲存與處理淋巴球的組織。
例 扁桃腺、黏膜層淋巴組織。

↑ 叢集組成

淋巴管

● 功能如血管，和微淋管一起輸送淋巴液。
● 每隔一段距離即有瓣膜區隔，以免淋巴液回流。

↓ 分枝形成

微淋管

● 構造類似微血管，但其末端為封閉的。
● 和淋巴管一同輸送淋巴液。

→ 內含 →

淋巴液

於微淋管和淋巴管中的液體，成分與組織液幾乎相同，包含有醣類、蛋白質，脂肪酸等。

扁桃腺
淋巴組織一種，可過濾入侵人體的病原體。

黏膜層

淋巴結
為淋巴器官的一種，可製造部分的淋巴球，亦可過濾侵入人體的病原體。

脾臟
最大的淋巴器官，可過濾侵入人體的病原體，移除衰老的紅血球，且有儲存血液的功能。

黏膜層
人體的消化道、呼吸道、泌尿生殖等系統中均具有黏膜層淋巴組織，能儲存及過濾淋巴液，以除去淋巴液中異常的物質。

淋巴管和微淋管
人體內布滿了淋巴管和細小的微淋管，使淋巴液得以循流全身，即時防禦。

先天免疫防禦系統

無論是動物或是植物皆擁有免疫防禦系統，其中又以脊椎動物的免疫系統最為複雜與完善，以人類為例，免疫系統可分為不針對特定對象抵禦的先天免疫系統，與針對特定對象抵禦的後天免疫系統。其中，先天免疫系統可以透過發炎反應、干擾素、自然殺手細胞以及補體系統等四種主要形式來達成防禦目的。

啟動先天的免疫系統

先天免疫系統又稱為「非專一性免疫」，一旦生物體受到傷害或是遭受到病原體攻擊時，即使未確認是何種病菌或是可能造成的傷害，只要是非體內正常細胞或物質，先天免疫系統會立即啟動進行防禦，其反應速度快，防禦的範圍也較廣，是生物體的第一道防線。

以人類為例，先天免疫系統主要以四種形式進行防禦：

發炎反應 發炎是最常見的抵禦反應，表示體內的免疫機制正在運作中。人體內會引起發炎反應的肥胖細胞平時分布在全身各疏鬆結締組織中，例如呼吸道、血管周圍、皮膚等，當病菌入侵人體時，位於受傷組織附近的肥胖細胞會分泌「組織胺」，以刺激傷口附近的血管擴張，使血流量增加，平時存在於血液、淋巴系統以及各組織中具有吞噬能力的嗜中性球與巨噬細胞能穿過微血管壁到達受到傷害的部位，以吞噬入侵的病原體。而患處則因血管擴張與微血管的通透性上升，而伴隨出現發紅、腫脹、發熱、疼痛等發炎症狀。

干擾素 當體內細胞受到病毒感染時，細胞會釋放出由一群功能類似的蛋白質所組成的干擾素，雖然干擾素本身並不具有消滅病毒的能力，但透過干擾素能將感染訊息傳遞給其他尚未被病毒感染的健康細胞，促使健康的細胞分泌可分解病毒的酵素，以對抗病毒的入侵。

自然殺手細胞 那些被病毒感染的細胞或是體內的癌細胞，還可由骨髓細胞發育而成的自然殺手細胞摧毀。自然殺手細胞是淋巴球的一種，平時隨著血液與淋巴液循流全身，一旦偵察到被感染的細胞和癌細胞，便會破壞其細胞膜並摧毀生病的細胞。

補體系統 是由一系列稱為「補體」的蛋白質所組成，能攻擊微生物的細胞膜，在膜上製造出孔洞，使人體內的水分滲入微生物細胞內將其撐破，藉此消滅入侵的微生物。除此之外，補體還可協助其他免疫反應的進行，例如補體能增強發炎反應的效果，引領具有吞噬能力的細胞至微生物入侵處，提高吞噬細胞運作的效率，以及刺激肥胖細胞釋放組織胺，使血管擴張和增加微血管的通透性，帶來更多具有吞噬能力的白血球。此外，補體還可與由B細胞所產生具有專一性免疫能力的抗體結合，以增強抗體的作用抵抗入侵的抗原。

先天免疫系統

先天免疫系統沒有抗原選擇性，但其反應速度快、防禦的範圍廣，能隨時保持警戒，延緩病原或抗原擴散，替後天免疫系統爭取時間，使其能有充足的時間擬定防禦策略。人類的先天免疫系統大致有以下四種防禦形式：

發炎反應

防禦對象	病毒或細菌等病原體。
抵禦者	肥胖細胞、嗜中性球與巨噬細胞。
機制	由肥胖細胞釋出「組織胺」，致使血管擴張，微血管的通透性上升，以帶來更多具有吞噬能力的嗜中性球與巨噬細胞，快速消滅外來的入侵物。

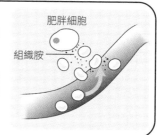

干擾素

防禦對象	病毒。
抵禦者	干擾素、酵素。
機制	已遭受病毒感染的細胞會釋放干擾素，促使其他健康的細胞釋放酵素來分解病毒，以對抗病毒入侵。

藉干擾素的通知，使其他健康的細胞免於受害。

自然殺手細胞

防禦對象	病毒感染的細胞或是體內的癌細胞。
抵禦者	自然殺手細胞。
機制	可將病毒感染的細胞或是體內的癌細胞之細胞膜溶解，以摧毀細胞。

補體

防禦對象	微生物
抵禦者	補體
機制	●補體會攻擊微生物，在其細胞膜上鑽洞，使水分能滲入微生物細胞內將其撐破，而摧毀入侵的微生物。 ●補體還可增強發炎反應的效果或是增加抗體的能力，共同抵抗微生物入侵。

後天免疫防禦系統

先天免疫系統是一旦發現異常便立即啟動，以阻止擴大侵害，但因免疫力成效有限，仍不足以應付各種可能入侵體內的病菌。因此某些脊椎動物如哺乳類則是進一步發展出可以針對不同的抗原擬定防禦策略，甚至能記憶曾入侵過的抗原、摧毀效率高的後天免疫系統。

由B細胞主導的後天免疫

以哺乳類中的人類為例，人體內的後天免疫系統主要由兩種淋巴球B細胞與T細胞所主導。雖然任何一個B細胞或T細胞皆只能辨識或對抗某一種特定的抗原（泛指能引發免疫反應的物質，包括病毒、細菌等），但因B細胞或T細胞可根據抗原的特性，產生能與之對應結合的抗體或T細胞，因此即使有多種不同的抗原入侵，免疫系統還是能以相對應的抗體或T細胞來對抗它。

由B細胞所主導的後天免疫又稱做「體液免疫」。當抗原入侵人體的血漿或淋巴液等體液時，B細胞會與抗原結合，並生成「記憶B細胞」與「漿細胞」。記憶B細胞會記憶過去入侵體內的抗原，一旦又有相同的抗原入侵時，記憶B細胞便能識出，而迅速增殖生成漿細胞，引起抗原和抗體的免疫反應，以盡早消滅抗原，避免抗原增殖或擴散至全身。至於漿細胞則是能進一步分泌可與抗原結合的「抗體」，利用這些抗體與抗原結合，使抗原失去活性，進而阻止抗原繼續感染其他細胞，如此也更有利於吞噬細胞吞噬而消滅。

抗體的種類

抗體的主要成分為蛋白質，因此又稱為免疫球蛋白。隨著B細胞與不同型態的抗原結合，其所形成的漿細胞會分泌出不同功能的抗體，人體內分有IgG、IgM、IgA、IgD以及IgE五種抗體：

IgM 是初次接觸某種病菌抗原時免疫反應中最主要的抗體。當B細胞第一次接觸到某種抗原時，會形成抗體IgM來啟動補體系統攻擊抗原的細胞膜，並中和微生物病菌所產生的毒素和代謝物。而IgM的體積較大，是五種抗體中體積最大的一種，所以在對抗抗原時只能隨著血液流動，很少能夠穿過血管壁到達組織或體液內。

IgG 是在B細胞於第二次之後接觸到相同抗原時最主要分泌的抗體，在人體中的含量最多，能以較多的數量共同來對抗抗原。加上IgG體積小，可穿過血管壁進入組織中進行免疫反應，也可穿過母親的胎盤進入胎兒的血液中，提供胎兒免疫力。雖然與IgM同樣具有中和微生物產生的毒素和代謝物，以及觸發補體系統的功能，但效果仍比IgM差。

IgA 是人體分泌的液體中最主要的抗體，廣泛地存在於腸道、尿道、呼吸

B細胞主導的後天免疫系統

又稱做「體液免疫」，可藉由B細胞所形成的漿細胞來產生各種抗體(免疫球蛋白)，對抗病原體。

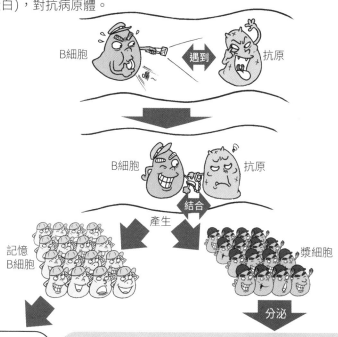

| B細胞 | 遇到 | 抗原 |

| B細胞 | 結合 | 抗原 |

產生

記憶B細胞

漿細胞

分泌

記住此抗原，下回遇到同樣的抗原時，記憶B細胞即能迅速增殖，引發免疫反應。

抗體 於人體內主要有五種不同功能抗體，能分別引發不同的免疫反應，消滅抗原。

| **IgE** | 當寄生蟲感染或是過敏時濃度會上升，可刺激肥胖細胞和嗜鹼性球釋放組織胺，進行免疫反應。 |

| **IgM** | 初次免疫反應中最主要的抗體，可啟動補體系統中和微生物產生的毒素和代謝物。 |

| **IgD** | 在人體內含量最低，能協助嗜鹼性球和肥胖細胞抵抗細菌。 |

| **IgG** | ●人體中含量最多的抗體，是次級免疫反應的主要免疫球蛋白。
●體積小，可穿過血管壁與胎盤，參與組織與胎兒的免疫反應。 |

| **IgA** | 是人體分泌的液體中最主要的抗體，可以對抗來自體外的微生物感染。 |

道，以及淚液或乳汁等液體中，以對抗來自體外的微生物感染。

IgD 在人體中的含量最低，主要存在於血液中，目前已知IgD可協助嗜鹼性球及肥胖細胞抵抗細菌，但其主要的免疫功能仍不明確。

IgE 在人體有寄生蟲感染或是產生過敏反應時濃度會升高，並刺激肥胖細胞和嗜鹼性球釋放組織胺進行免疫反應，故IgE於體內的濃度變化便可當做人體是否受寄生蟲感染或是過敏的指標（參見P104）。

由T細胞主導的後天免疫

由T細胞所主導的後天免疫又稱做「細胞免疫」。T細胞主要對抗被抗原感染的細胞，並嘗試將其摧毀。當遭受不同抗原入侵時，人體內有細胞毒T細胞、輔助T細胞、記憶T細胞和調節T細胞四種不同類型的T細胞，能透過不同反應路徑與各種抗原對抗：

● 反應路徑一 當細胞毒T細胞辨識受抗原感染的細胞後，細胞毒T細胞會分泌「穿孔素」在受到病毒或其他病原感染的細胞上產生一個通道，使位於細胞外的絲胺酸蛋白酶可透過此通道進入被感染的細胞中，藉由溶解細胞而將其摧毀。

● 反應路徑二 當輔助T細胞辨識抗原後，會分泌細胞激素促使細胞毒T細胞增殖，透過其分泌的穿孔素摧毀受感染的細胞。

● 反應路徑三 輔助T細胞在辨識抗原後，所分泌的細胞激素也會刺激B細胞產生抗體，藉體液免疫反應來消滅抗原。

在認知抗原後，T細胞和B細胞也一樣能產生具有記憶力的記憶T細胞，當同樣的抗原再次出現時，記憶T細胞便能即時刺激細胞毒T細胞及輔助T細胞的增殖，快速殲滅抗原。至於調節T細胞，則用以抑制T細胞或是B細胞對個體自身的細胞攻擊，或是抑制B細胞產生抗體的能力，藉此可避免免疫系統過度反應，反過來損害身體（參見P104）。

T細胞主導的後天免疫系統

又稱做「細胞免疫」，透過T細胞來攻擊人體內被病菌感染的細胞，並且也可協助體液免疫，達成防禦機制。以T細胞所進行的免疫防禦可有以下幾種反應路徑：

病原體侵入體內感染正常細胞，破壞細胞原有的結構和功能。

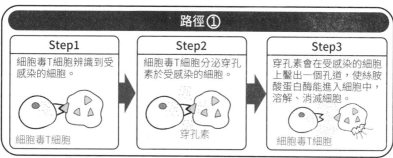

路徑①

Step1
細胞毒T細胞辨識到受感染的細胞。

細胞毒T細胞

Step2
細胞毒T細胞分泌穿孔素於受感染的細胞。

穿孔素

Step3
穿孔素會在受感染的細胞上鑿出一個孔道，使絲胺酸蛋白酶能進入細胞中，溶解、消滅細胞。

細胞毒T細胞

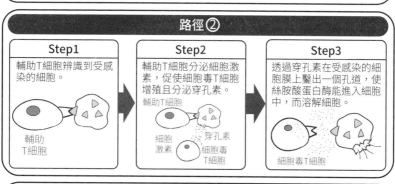

路徑②

Step1
輔助T細胞辨識到受感染的細胞。

輔助T細胞

Step2
輔助T細胞分泌細胞激素，促使細胞毒T細胞增殖且分泌穿孔素。

輔助T細胞

細胞激素　穿孔素　細胞毒T細胞

Step3
透過穿孔素在受感染的細胞膜上鑿出一個孔道，使絲胺酸蛋白酶進入細胞中，而溶解細胞。

細胞毒T細胞

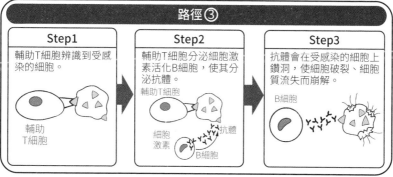

路徑③

Step1
輔助T細胞辨識到受感染的細胞。

輔助T細胞

Step2
輔助T細胞分泌細胞激素活化B細胞，使其分泌抗體。

輔助T細胞

細胞激素　抗體　B細胞

Step3
抗體會在受感染的細胞上鑽洞，使細胞破裂、細胞質流失而崩解。

B細胞

免疫功能異常

免疫系統是身體防衛的主要系統，若是有先天免疫缺陷或是後天所引發的免疫疾病時，會使免疫系統無法發揮防衛機制，甚至傷害正常的細胞和組織，讓生物體隨時暴露在危險之中。

免疫功能為何會異常

　　免疫系統在正常的情況下具有保護生物體、避免抗原入侵的功能。然而，在某些情況下免疫系統也會失去防護作用，其原因可能是先天性和後天性的免疫缺陷所造成。前者「先天性免疫缺陷」為天生的免疫缺陷所造成的免疫功能異常，例如先天B細胞本身有缺陷，導致B細胞無法發育成熟並產生抗體。另外，後天因素造成的「後天性免疫缺陷」，則多半是因藥物或營養不足所引發的免疫缺陷，以及因病毒感染而引發，例如後天免疫缺乏症候群（簡稱愛滋病）即是因病毒感染所造成的免疫缺陷。

　　此外，除了免疫上的缺陷，免疫的過度反應也會導致免疫功能異常，甚至還會反過來傷害生物體。例如有些對人體無害的物質，如花粉及多種食物等，進入體內卻被抗體或T細胞視為外來抗原，而啟動防禦機制，此即為免疫過度反應所導致的「過敏反應」，而那些會引起過敏的「過敏原」，所引起的免疫反應因同樣會引發組織胺的釋放，因此過敏反應常伴隨著發紅、腫脹等發炎反應。

免疫異常疾病

　　免疫功能異常的疾病也可概略分成先天性免疫缺陷或是後天性免疫缺陷所造成的疾病。常見的先天性免疫疾病有：①**DiGeorge 症候群**：因先天體內不具有胸腺，導致T細胞無法發育成熟，體內嚴重缺乏T細胞而無法進行T細胞所主導的後天免疫反應；②**先天性丙種球蛋白缺乏症**：由於B細胞有所缺陷，使抗體分泌不足而無法進行B細胞所主導的後天免疫反應；③**嚴重複合性免疫缺乏症**：同時具有以上兩種先天缺陷，由T細胞和B細胞分別主導的體液免疫與細胞免疫均無法進行，以致個體無法抵抗外來抗原入侵，因此壽命減短難以存活等。

　　後天性免疫疾病常見的有：①**紅斑性狼瘡**：可能因病毒感染或藥物不適所導致的免疫異常疾病；②**類風濕性關節炎**：可能由病毒或是食物過敏所引起，導致免疫系統將體內IgG視為外來的抗原，並產生名為「類風濕性因子」的抗體，此抗體會與IgG結合而沉降在血管壁，引起血管病變，並破壞全身各處有關節的部位，導致關節變形；③**後天免疫缺乏症候群（愛滋病）**：因人體接觸HIV病毒而感染。HIV病毒會破壞體內的輔助T細胞、巨噬細胞和B細胞等，不僅被感染的免疫細胞會被人體中其他的免疫細胞攻擊外，也會使個體自身的免疫系統遭受到嚴重的破壞，影響個體的免疫功能。

免疫功能異常現象

情況1 **免疫缺陷**
免疫細胞有缺陷導致免疫功能不全。

情況2 **免疫過度反應所造成的疾病**
免疫過度反應時會反過來攻擊個體正常的細胞，使人體受到傷害。
例 過敏反應等。

過敏反應
當過敏原進入體內，會被抗體或T細胞視為外來抗原而啟動防禦機制，且同樣會引發組織胺的釋放，而引起發紅、腫脹等發炎反應。若情況嚴重，甚至可能導致休克或死亡。

過敏原

↓ 導致

免疫疾病

先天免疫缺陷
先天免疫缺陷導致免疫功能異常。
常見的先天性的免疫疾病有：

● **先天性丙種球蛋白缺乏症**
先天B細胞本身有缺陷，導致B細胞無法發育成熟及產生抗體。

● **DiGeorge症候群**
先天生產T細胞的胸腺有問題，導致T細胞發育不成熟，而無法發揮正常功能。

● **嚴重複合性免疫缺乏症**
先天T細胞與B細胞皆有缺陷，以致無法進行體液免疫與細胞免疫。

後天免疫缺陷
後天因素造成的免疫缺陷。
常見的後天性的免疫疾病有：

● **紅斑性狼瘡**
因藥物、營養不足或病毒感染導致免疫失調，體內抗體會攻擊自身正常的細胞的一種免疫異常疾病。

● **類風濕性關節炎**
因食物過敏或病毒感染所導致，使免疫系統誤辨自體抗體IgG為抗原，引發血管病變、關節變形等症狀。

● **後天免疫缺乏症候群**
因HIV病毒感染，破壞體內的輔助T細胞、巨噬細胞和B細胞等免疫細胞，而引起的免疫缺乏症。

Chapter5

生命的延續：
生殖與遺傳

「生殖」讓生物得以繁衍後代，而「遺傳」則是順著生殖之便，將親代特徵傳遞於下一代中。即使生殖已賦予下一代具有和親代同樣的個體構件，但仍須透過遺傳將運作生命的訊息複製傳遞予下一代，才能使子代具有維持生命的能力。生物必須兼具生殖和遺傳兩種能力，在兩者相輔相成下，才能使生物族群得以被延續。

學習重點

∙∙◆ 「遺傳」是什麼？透過體內哪些物質而得以呈現？

∙∙◆ DNA、RNA、蛋白質在遺傳表現過程中扮演什麼角色？

∙∙◆ 染色體在遺傳過程中扮演的角色？

∙∙◆ 生物體透過什麼樣的機制將特徵傳給下一代？

∙∙◆ 生物體成長與發育的關鍵為何？

∙∙◆ 動物、植物及細菌的生殖模式分別有哪些？對族群延續分別具有何種意義？

遺傳的基礎

生物體藉由遺傳的方式將親代的生命特徵傳遞給子代。遺傳傳遞的基本單位稱為基因，基因所載的遺傳訊息會引導體內合成蛋白質成為酵素，進而控制體內各項化學反應的進行，表現出生物的性狀（表現型）和生理運作。

遺傳是什麼

　　生物將生命特徵傳遞給下一代即稱為遺傳。生物都具有承載遺傳訊息的物質，如染色體，並且能透過各種方式執行這些遺傳訊息，使生命得以運作。生物便是藉由這樣的機制，親代將基因傳遞給子代，物種的特徵透過基因表現出來，並且代代延續。這些透過遺傳而保有的特徵統稱為性狀，包括生物的外在特徵，如容貌、體型、膚色、身高、性徵等之外，還包括了內在特徵，如基本的生理機能、生殖能力、求生能力、性格等，讓生命特徵得以延續的同時，也賦予下一代適應環境的基本能力。

基因如何形成作用

　　在一八六五年孟德爾經植物雜交試驗，已發現遺傳是透過遺傳因子將遺傳訊息傳給下一代，但直到一九〇九年丹麥植物學家約翰森才正式提出「基因」這個名稱。然而基因中所載的遺傳物質是如何作用，才能使生物得自於親代的性狀能夠表現出來呢？一九四〇年代，美國遺傳學家比德爾和塔特姆以黴菌進行實驗提出的「一個基因對應一個酵素」學說，證實基因必須透過酵素影響體內的化學反應，才能讓基因發揮作用，表現出自親代遺傳而來的外在性狀和生理狀態。而且，當生物將基因自親代遺傳給子代時，同時也就已經把各種基因訊息傳給了子代，使子代亦能擁有與親代相同功能的酵素，而展現出與親代相同的生命特徵。例如花朵黃色的親代基因A，其子代就會因為能產生酵素A促進植物體內一系列化學反應，而產生黃色素使花朵呈現黃色。但同樣的花種，親代的基因A如果受到損傷而轉變為基因a，子代便因無法生產酵素A而無法產生黃色素，花朵便會因為缺乏黃色素而呈現白色。

基因型與表現型

　　此外，約翰森同樣在一九〇九年將決定性狀的基因組合稱為「基因型」，而個體所呈現出的性狀特徵稱為「表現型」，以此解釋基因如何影響外在特徵。例如花的顏色不論是紅色和白色兩種表現型都是由兩個基因共同決定，只有當兩個基因都正常，即都是正常的基因I和正常的基因II，此基因型的花朵才會呈現紅色的表現型。但若是花朵呈現白色，其基因型則可能是正常的基因I和突

變的基因II組合而成，或是正常的基因II和突變的基因I的組合，也有可能是基因I
與基因II均突變的組合。因此即便都是白花的表現型，決定生物個體性狀的基因
型也可能有不同的組合方式。

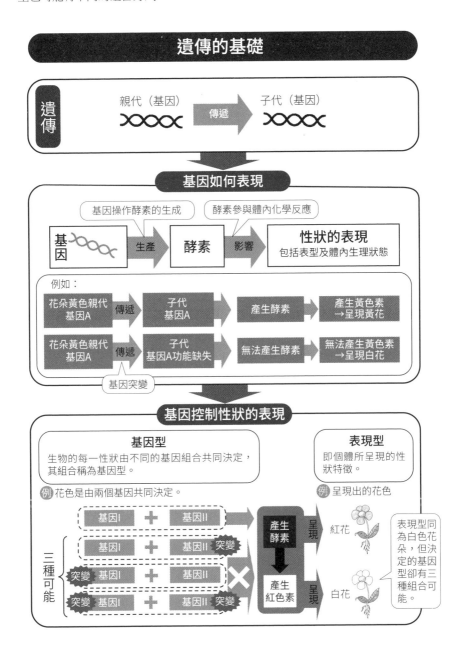

遺傳的基礎

遺傳

親代（基因） ──傳遞→ 子代（基因）

基因如何表現

基因操作酵素的生成　　酵素參與體內化學反應

基因 ──生產→ **酵素** ──影響→ **性狀的表現** 包括表型及體內生理狀態

例如：

| 花朵黃色親代基因A | 傳遞 | 子代基因A | 產生酵素 | 產生黃色素→呈現黃花 |

| 花朵黃色親代基因A | 傳遞 | 子代基因A功能缺失 | 無法產生酵素 | 無法產生黃色素→呈現白花 |

基因突變

基因控制性狀的表現

基因型
生物的每一性狀由不同的基因組合共同決定，其組合稱為基因型。

表現型
即個體所呈現的性狀特徵。

例 花色是由兩個基因共同決定。

例 呈現出的花色

三種可能

基因I	＋	基因II
基因I	＋	基因II 突變
突變 基因I	＋	基因II
突變 基因I	＋	基因II 突變

產生酵素 呈現 紅花

產生紅色素 呈現 白花

表現型同為白色花朵，但決定的基因型卻有三種組合可能。

DNA的組成成分與結構

一般所說的基因，實際上就是指DNA分子中帶有遺傳訊息的特定片段。細胞會不斷地複製，細胞複製的同時DNA也跟著複製，使複製出的細胞中都能帶有相同的遺傳訊息。

DNA的組成成分

　　DNA（去氧核糖核酸）是由四種不同的核苷酸分子連結而成的長鏈狀分子，原核細胞的DNA會散於細胞質中，而真核細胞的DNA則在核膜包裹下存於細胞核中。DNA中帶有遺傳訊息的特定片段即稱為「基因」。一單位的核苷酸分子包含了含氮鹼基、去氧核糖（$C_5H_{10}O_4$）及磷酸根分子（PO_3^-）三部分。含氮鹼基是一種含有碳、氫、氮原子所構成的雙環狀分子結構，又可分為腺嘌呤（adenine）、胸腺嘧啶（thymine）、胞嘧啶（cytosine）和鳥糞嘌呤（guanine）四種。DNA中的核苷酸分子之所以有四種，即是在於核苷酸分子結構中具有不同的含氮鹼基，因此含氮鹼基便成為科學家區分四種不同種類核苷酸的依據。科學家在描述這四種核苷酸時，為了方便起見，便以核苷酸中所含的含氮鹼基名稱的英文字首代表，例如具有腺嘌呤（adenine，$C_5H_5N_5$）核苷酸便稱為核苷酸A、含氮鹼基A、或僅以A代表此種核苷酸和含氮鹼基，以此類推具有胸腺嘧啶（thymine，$C_5H_6N_2O_2$）的核苷酸為T、具胞嘧啶（cytosine，$C_4H_5N_3O$）的核苷酸為C、和具鳥糞嘌呤（guanine，$C_5H_5N_5O$）的核苷酸為G。

　　去氧核糖是由碳、氫、氧原子組成的環狀醣分子，其一端會與含氮鹼基相連，另一端則是與由磷、氧原子所構成的磷酸根分子相互連結，形成一單位的核苷酸分子。兩兩核苷酸分子中的氫氧基及磷酸根分子又會相互連結起來，因此便形成一條長鏈狀。

DNA的鏈結方式

　　在植物、動物等真核生物的真核細胞裡，由兩兩核苷酸分子串連起的DNA長鏈中，含氮鹼基均會裸露於同一側。生物體內的DNA長鏈通常以兩股DNA並排結合在一起，利用裸露於同一側的含氮鹼基分子中氫原子、與另一個含氮鹼基分子上的氫原子鍵結（原子間的鍵結）的方式而連結成串，兩股含氮鹼基會按照A（腺嘌呤）和T（胸腺嘧啶）配對、以及C（胞嘧啶）和G（鳥糞嘌呤）配對的方式規律地連結，相對應的含氮鹼基稱為互補鹼基對。例如一股DNA長鏈片段的含氮鹼基排列為ATCG，另一股DNA對應此片段時即以TAGC的含氮鹼基互補，形成A→T、T→A、C→G、G→C的配對方式。由於含氮鹼基的分子在形成鍵結後的角度略有彎曲，所以生物體內的DNA長鏈會呈現雙股螺旋的形式存

DNA的結構

真核生物的DNA為雙股螺旋結構

由A、T、C、G四種核苷酸分子串連形成單股DNA，單股DNA再以A對應T、C對應G配對形成雙股螺旋DNA。

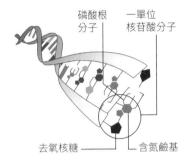

磷酸根分子 ── 一單位核苷酸分子

去氧核糖 ── 含氮鹼基

原核生物的DNA為環狀超螺旋結構

除了具有真核生物DNA的組成特性外，原核生物的DNA分子還會頭尾相連形成環狀後，再度扭轉形成超螺旋結構。

環狀染色體

扭轉

超螺旋結構

「核苷酸」的組成

一單位的核苷酸分子包括了磷酸根分子（PO_3^-）、去氧核糖（$C_5H_{10}O_4$）和含氮鹼基三部分，由去氧核糖連結起磷酸根分子和含氮鹼基。

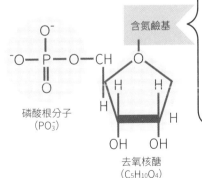

含氮鹼基

磷酸根分子（PO_3^-）

去氧核醣（$C_5H_{10}O_4$）

> P：磷 O：氧 C：碳 N：氮 H：氫

含氮鹼基的種類

可分為A、T、C、G四種：

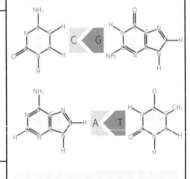

含氮鹼基的不同是核苷酸分子的差異所在。依核苷酸分子中所具有的含氮鹼基類型，可分為A、T、C、G四種核苷酸分子。

在。而在細菌等原核生物具有的原核細胞中，DNA分子除了鏈結成雙股螺旋以外，還會頭尾相連形成一個環狀分子，有些環狀的DNA分子甚至會再次旋轉形成超螺旋結構。

DNA如何進行複製

　　真核細胞會隨著時間逐漸老化凋亡，生物體內的細胞必須能不斷地複製，使生物獲得新細胞才能持續正常的機能。由於每個細胞的基因僅有一套，因此一旦細胞要進行複製，就必須同時複製DNA，才能在新細胞中也同樣帶有相同的DNA訊息。

　　因DNA位於細胞的細胞核中，其複製過程便於細胞核中進行。複製時，雙股會先分離為兩股獨立的單股DNA，再以兩股「舊」的單股DNA為模板，將生物體預先合成的含氮鹼基依照A配上T，C配上G的互補規則，同時在兩個舊的單股DNA上複製出兩個新的單股DNA，最後形成兩對各自帶有一股舊、一股新的雙股DNA，此過程又稱為「半保留複製」。複製後的DNA會緊縮存於染色體上，待進行細胞分裂時，隨染色體進入新細胞中，使新細胞也帶有完整的DNA，維持同樣的運作能力。然而，原核生物細胞因不具有細胞核，所以以DNA的複製過程則於細胞質中進行。

info　位於細胞核以外的DNA分子

真核生物的DNA分子多存在於體內所有細胞的細胞核中，且組成一致。但生物細胞中還有兩種胞器也同樣具有DNA，分別為動物與植物細胞中負責生產能量的「粒線體」，以及植物細胞中可行光合作用產生能量的「葉綠體」，只是其組成與來源均與細胞核中的DNA分子不同。粒線體和葉綠體均擁有各自特有的DNA分子，前者即稱為「粒線體DNA」，後者稱為「葉綠體DNA」，兩者皆為類似於原核細胞的環狀DNA分子，且能自行複製增殖。根據研究，粒線體DNA在絕大多數的生物體如人類或哺乳動物中皆遺傳自母系；葉綠體DNA在絕大多數的被子植物中是以母系遺傳為主，但在大多數的裸子植物中則是以父系遺傳為主。透過這些不同來源的DNA分子可做為遺傳、演化、分類上重要的參考依據。

DNA的複製

Step 1　一條雙股DNA是由兩條含氮鹼基互補的單股DNA纏繞形成，複製時必須先解開螺旋結構。

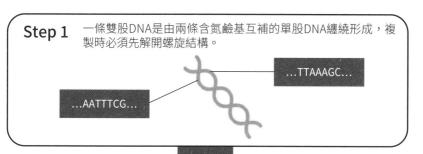

...AATTTCG...

...TTAAAGC...

Step 2　解開DNA雙股螺旋結構的同時，兩個單股DNA便分別做為複製的模板股，展開DNA複製。

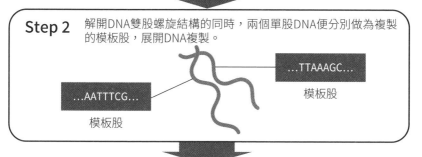

...TTAAAGC...

模板股

...AATTTCG...

模板股

Step 3　依據模板股A→T及C→G的配對方式，最後互補出另一條單股DNA。

模板股	...TTAAAGC...		...AATTTCG...	模板股
互補股	...AATTTCG...		...TTAAAGC...	互補股

Step 4　形成兩對雙股DNA，且各自具有一條新、一條舊的單股DNA，因此DNA的複製稱為「半保留複製」。

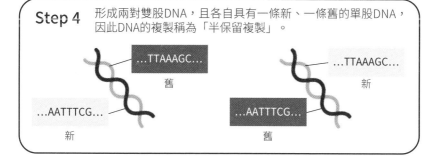

...TTAAAGC...

舊

...AATTTCG...

新

...TTAAAGC...

新

...AATTTCG...

舊

基因訊息由RNA發令與執行

DNA透過能辨識DNA基因訊息的mRNA代為發號司令，以製造出與基因訊息相符合的蛋白質做為酵素，再透過酵素參與體內的化學反應，呈現出各種性狀與生理運作。科學家便將「DNA→RNA→蛋白質」此基因訊息傳遞執行的過程稱之為「分子生物學中心法則」。

mRNA的組成

　　DNA分子乘載著基因訊息，但生物體並不是直接利用DNA分子進行體內任何的生化反應，而是將DNA所攜帶的基因訊息傳送至能辨識DNA序列的訊息RNA（簡稱mRNA）上，由mRNA代為發號司令。mRNA是一種結構與DNA極為相似的RNA分子，主要差別有三：一RNA的核苷酸分子中其醣類是核糖，而非DNA中的去氧核糖。二mRNA的其中一種核苷酸以含氮鹼基U（尿嘧啶）取代了DNA分子中的含氮鹼基T，因此mRNA中的含氮鹼基是由A、U、C、G四類型所構成，而非DNA的A、T、C、G。三RNA分子在生物體內是以單股的形式存在，而DNA則多以雙股螺旋的形式存在，這使得RNA能直接以單股運作，不需先將雙股解開。

DNA傳遞基因訊息至mRNA

　　將基因訊息從DNA傳遞到mRNA的過程稱為「轉錄」，轉錄過程在細胞核中進行，與DNA複製時過程類似，轉錄時同樣先將雙股DNA解開為兩條單股DNA，透過與單股DNA上含氮鹼基互補來製成mRNA。但不同的是，mRNA的製造僅會以DNA雙股中的其中一股做為模板股進行複製，最後產生獨立的一股mRNA，而非如DNA複製時兩股都當做模板股，最後產生新的兩股。此外，由於mRNA是以DNA模板股進行配對而製成的，因此mRNA的序列會與DNA模板股完全互補，只是DNA的含氮鹼基T在mRNA中會以U取代。

　　DNA將基因訊息傳遞製成mRNA後，即完成了轉錄步驟。但此步驟僅是將DNA所傳遞的基因訊息轉告給mRNA，仍未執行基因所傳遞的訊息。

mRNA透過tRNA製造蛋白質

　　繼mRNA轉錄DNA訊息後，尚須透過「轉譯」的過程，也就是依據mRNA轉錄所得的基因訊息製成可參與化學反應的各式蛋白質，才能真正執行基因訊息。首先，進行轉譯時，mRNA必須先從細胞核移出進入細胞質中，讓轉移RNA（簡稱tRNA）一方面辨識mRNA所傳遞的基因訊息，一方面攜帶與基因訊息相對應的胺基酸至位於細胞質中的核糖體上，讓核糖體將這些胺基酸合成蛋白質。

　　胺基酸是蛋白質的基本單位，每三個mRNA的核苷酸分子序列可形成一種胺基酸，多個胺基酸連結在一起便形成蛋白質。舉例來說，tRNA辨識一mRNA的序

列為GGU，接著會揀選由肝臟製造並與GGU序列相對應的胺基酸—甘胺酸（簡稱Gly）至核糖體上，供核糖體進行之後蛋白質的合成。而所合成的蛋白質即是能提供個體能量、參與新陳代謝作用、催化生物體內的化學反應與參與免疫反應過程等重要媒介，使子代先天就能擁有如親代同樣的生理運作。

DNA如何執行基因訊息

DNA　傳遞　mRNA　形成　蛋白質　執行化學反應

轉錄　　　　　　轉譯

DNA　**A T C G A T C G A T C G T A C**

DNA　傳遞　mRNA

- DNA將基因訊息傳遞至mRNA，由mRNA代為發號司令。
- mRNA序列是由A、U、C、G四種核苷酸所組成，根據解開的DNA單股進行配對，DNA中的序列若為ATCG，其所製造的 mRNA序列即為UAGC。

mRNA　**U A G C U A G C U A G C A U G**

mRNA　傳遞　tRNA　形成　蛋白質

tRNA擷取mRNA訊息

mRNA擷取到DNA的基因訊息後，開始從細胞核移至細胞質中

tRNA

根據mRNA訊息製造對應胺基酸

- 透過tRNA一邊從mRNA獲得基因訊息，另一邊便將獲得的基因訊息製造出相對應的胺基酸。
- 以每三個mRNA核苷酸序列對應出一種胺基酸的規則，例如UAG對應的胺基酸為lle、CUA對應的胺基酸為Leu，累積連結多個胺基酸來生產蛋白質。

蛋白質　lle　Leu　Ala　Ser　Met　多個胺基酸連成一列即形成蛋白質

胺基酸

乘載基因的分子——染色體

「染色體」是生物體內用來攜帶基因（DNA）的巨大分子結構。構造簡單的原核生物與構造較為複雜的真核生物雖然分別具有不同的染色體構造和染色體數量，但其基因同樣都是藉由染色體的攜帶，遺傳給下一代。

什麼是染色體

　　在真核生物體內，染色體位於細胞核中，由一串長鏈的DNA分子，和附著在DNA分子上、用以維持染色體結構的蛋白質所構成，外觀呈線條狀。平時，細胞核中的染色體會呈現鬆散的狀態，因此也稱為「染色質」。

　　真核生物多具有數萬個以上的基因，必須以較多的染色體承載，所以像是人類或其他多數的動植物細胞核中都具有多條染色體。至於細菌等原核生物的染色體則僅由一個環狀的DNA分子鏈構成，因其基因通常只有幾千個，只要一個染色體就足以容納所有基因。原核生物的細胞因不具核膜，所以染色體不像真核生物位於細胞核，而是散於細胞質中。

性染色體與體染色體

　　鳥類或哺乳動物的染色體可區分為「性染色體」與「體染色體」。**性染色體**是絕大多數的動物用以決定性別的染色體。例如人類以具有兩個X性染色體者為女性，具有一個X、一個Y性染色體者為男性；鳥類則以具有性染色體XY為雌性，具有性染色體XX為雄性。大多數的植物為雌雄同體，故不以性染色體區分性別，僅有少數的植物如草莓的性染色體為XY時是雄性，XX時則為雌性。**體染色體**則是指性染色體以外的所有染色體。以人類為例，人體內共有二十三對染色體，其中一對是決定人類性別的性染色體，其餘的二十二對即是體染色體，各自攜帶著決定生物性狀、生理運作所需的基因訊息。

同源染色體的多種型態

　　雖然不同生物其細胞中所具有的染色體數目不盡相同，但無論由幾條染色體組成，只要形態、結構以及攜帶相同遺傳訊息的染色體，即稱為「**同源染色體**」。例如人類的同源染色體均為兩條，像是決定膚色的訊息便是在兩條同源染色體中被同樣地攜帶著。

　　細胞內的同源染色體為兩條時，稱做「雙倍體」，動物大概多屬於此類。同源染色體為三條以上時，則稱為「多倍體」，多數的植物則以此類居多。若同源染色體僅有一條，則稱做「單倍體」，這類生物包括了細菌等原核生物和少數的動、植物，如雄蜂、藻類等。雙倍體和多倍體對生物體而言是很重要的

一種特性，當雙倍體或多倍體的其中一條染色體受到損傷，但另一條或其他幾條染色體仍為完整的話，受該基因所影響的生理表現仍可維持正常。但單倍體染色體一旦受到損傷，便極容易對該基因所決定的生理表現產生影響。

生物的染色體

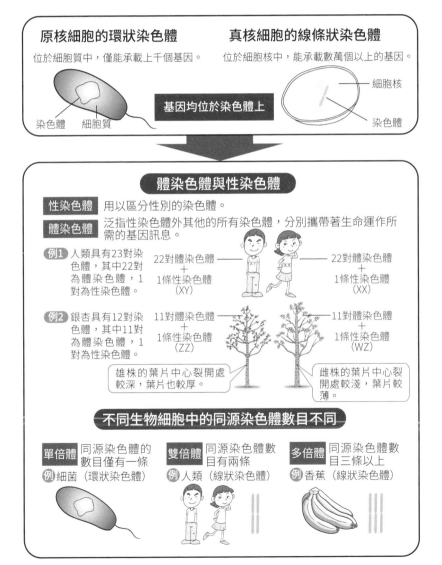

原核細胞的環狀染色體
位於細胞質中，僅能承載上千個基因。

染色體　細胞質

真核細胞的線條狀染色體
位於細胞核中，能承載數萬個以上的基因。

細胞核

染色體

基因均位於染色體上

體染色體與性染色體

性染色體 用以區分性別的染色體。

體染色體 泛指性染色體外其他的所有染色體，分別攜帶著生命運作所需的基因訊息。

例1 人類具有23對染色體，其中22對為體染色體，1對為性染色體。

22對體染色體
＋
1條性染色體
（XY）

22對體染色體
＋
1條性染色體
（XX）

例2 銀杏具有12對染色體，其中11對為體染色體，1對為性染色體。

11對體染色體
＋
1條性染色體
（ZZ）

11對體染色體
＋
1條性染色體
（WZ）

雄株的葉片中心裂開處較深，葉片也較厚。

雌株的葉片中心裂開處較淺，葉片較薄。

不同生物細胞中的同源染色體數目不同

單倍體 同源染色體的數目僅有一條
例 細菌（環狀染色體）

雙倍體 同源染色體數目有兩條
例 人類（線狀染色體）

多倍體 同源染色體數目三條以上
例 香蕉（線狀染色體）

遺傳的基本法則

在一八六五年奧地利遺傳學家孟德爾提出了遺傳理論之前，科學家雖然知道子代的性狀傳承自親代的現象，但卻不清楚遺傳原理為何。透過孟德爾的顯性法則與分離定律（孟德爾的第一定律）以及獨立分配定律（孟德爾的第二定律）才終於對遺傳過程有了基本的認識。

孟德爾的第一定律：顯性法則與分離定律

孟德爾藉由豌豆容易栽培、生長期短、有利於進行多代生長觀察等特性，選擇豌豆做為遺傳研究的材料。他栽培並篩選出純種的高莖和純種的矮莖，然後讓這兩種性狀的豌豆交配，所獲得的第一個子代全部都是高莖豌豆；接著，再將第一代相互交配，發現在第一個子代中消失的矮莖豌豆又出現了，且第二代中高莖豌豆和矮莖豌豆的比例約為三比一。

由於有高莖和矮莖兩種基因的遺傳來源，因此孟德爾首先將決定性狀的基因分為「顯性基因」和「隱性基因」，認為豌豆需由兩個基因共同決定性狀。交配後的第一代子代皆為高莖，因此他將高莖視為顯性基因T，矮莖為隱性基因t，第一代子代的基因都是一個顯性加上一個隱性的Tt基因型。並推論子代遺傳自親代的兩個基因中，只要有一個顯性基因T就會呈現出高莖性狀，但需有兩個基因都是隱性t時才會呈現矮莖性狀。由於顯性基因較隱性基因容易表現出來，孟德爾將其定義為「顯性法則」。

循此規則，孟德爾並進一步說明，第一代子代在相互交配後生下的子代則有高莖TT和Tt和矮莖tt，這是因為第一代子代的豌豆基因型皆為Tt，當兩株基因型Tt的高莖豌豆交配時，Tt基因會獨立分開為T和t，而兩組Tt基因在隨機配對後，出現了TT、Tt以及tt三種基因型的子代，隨機配對的三種基因型（TT：Tt：tt）比例為1:2:1。由於TT與Tt基因型以高莖性狀呈現，所以高莖和矮莖比例才會是3:1。而來自親代基因型交配時會先分離再獨立配對成為子代基因型的規則，孟德爾稱之為「分離定律」。後人則將孟德爾提出的「顯性法則」與「分離定律」統稱為「孟德爾的第一定律」。

孟德爾的第二定律：獨立分配定律

除了觀察單一性狀豌豆莖高度的遺傳現象外，孟德爾還想知道不同性狀在遺傳時是否會相互影響。於是，他篩選出純種黃色光滑種子皮的豌豆和純種綠色皺紋種子皮的豌豆，讓兩種性狀的豌豆交配，結果發現第一代子代的豌豆全都是黃色光滑種子皮。根據先前顯性法則的經驗，孟德爾將黃色光滑種子皮視為顯性基因，綠色皺紋種子皮為隱性基因。接著，孟德爾將第一個子代繼續相互交配，發現第二代子代中黃色光滑種子皮的豌豆、黃色皺紋種子皮的豌豆、綠色光滑種子皮的豌豆以及綠色皺紋種子皮的豌豆所占的比例約為9:3:3:1。

孟德爾第一定律

顯性原則 顯性基因T相對於隱性基因t較容易顯現於性狀上。

例 將純種高莖豌豆TT和純種矮莖豌豆tt交配，得出的第一代子代再相互交配生成第二代子代，兩個子代所表現的高莖豌豆和矮莖豌豆分布情形如下：

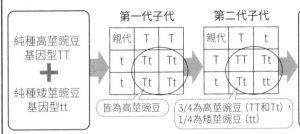

純種高莖豌豆 基因型TT **＋** 純種矮莖豌豆 基因型tt	第一代子代			第二代子代			只要一個T就能表現出高莖，矮莖的性狀則需兩個tt才能表現出來。 →性狀由基因T決定，故稱之為顯性基因，t則為隱性基因。
	親代	T	T	親代	T	t	
	t	Tt	Tt	T	TT	Tt	
	t	Tt	Tt	t	Tt	tt	

皆為高莖豌豆　　3/4為高莖豌豆 (TT和Tt)，1/4為矮莖豌豆 (tt)

分離定律 親代的基因型交配時會先各自分離，再獨立配對成為子代基因型。

例 將純種高莖豌豆TT和純種矮莖豌豆tt交配，TT與tt會先分離再配對成為第一代子代的基因型。同樣地，第一代子代再互相交配時，Tt與Tt也會先分離再配對成第二代子代。

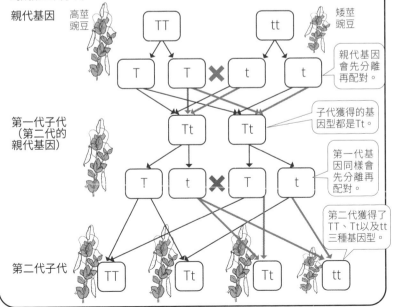

親代基因　　高莖豌豆　　TT　　tt　　矮莖豌豆

親代基因會先分離再配對。

T　T　✕　t　t

第一代子代（第二代的親代基因）

子代獲得的基因型都是Tt。

Tt　Tt

第一代基因同樣會先分離再配對。

T　t　✕　T　t

第二代獲得了TT、Tt以及tt三種基因型。

第二代子代　　TT　Tt　Tt　tt

　　孟德爾依據顯性法則推論，種子顏色由顯性基因G和隱性基因g決定，種子皮光滑或皺紋由顯性基因A和隱性基因a決定，其中G代表黃色種子皮、g代表綠色種子皮，而A代表光滑皮、a代表皺紋皮。純種的黃色光滑種子皮的豌豆其基因型為GGAA，純種的綠色皺紋種子皮的豌豆基因型為ggaa。當這兩種豌豆進行交配時，所獲得的第一代子代都是黃色光滑種子皮，因其基因型皆為GgAa。

　　接著再將GgAa基因型的第一代子代互相交配，第二代子代呈現出了黃色光滑種子皮、黃色皺紋種子皮、綠色光滑種子皮和綠色皺紋種子皮四種性狀。若從交配的基因型態來看，來自親代的兩組GgAa基因經排列組合後，可得出一個GGAA、兩個GGAa、兩個GgAA、四個GgAa、一個GGaa、兩個Ggaa、一個ggAA、兩個ggAa以及一個ggaa共十六個組合，合併歸納為九種基因組合型態。十六個組合中的GGAA、GGAa、GgAA和GgAa共九個組合均表現為黃色光滑種子皮；GGaa和Ggaa共三個組合表現為黃色且皺的種子皮；ggAA和ggAa共三個組合表現為綠色光滑種子皮；唯一的一個ggaa呈現為綠色且皺的種子皮，因此才會呈現出四種性狀，分布比例恰好為9:3:3:1。

　　孟德爾將這種每個基因型在交配時會分離且獨立分配的現象，稱做「獨立分配定律」，亦即後人所稱的「孟德爾的第二定律」。透過這樣的結果可得知，性狀（光滑或皺）與性狀（顏色）之間在遺傳至下一代時並不會相互影響，遺傳的過程仍符合分離定律以及顯性法則。

遺傳定律之外的發現：基因的連鎖與重組

　　雖然孟德爾第一與第二定律使科學家對遺傳原理有了初步的認識，並奠定了遺傳學的基礎，但這些定律並非所有的情況下皆適用。科學家日後也發現了一些不符合孟德爾遺傳定律的現象，基因具有「連鎖與重組」的現象正是其中一個。

　　基因的「連鎖」指的是位於同一條染色體上的基因，在遺傳的過程中會有一同傳遞至下一代的現象。舉例來說，豌豆中的一條染色體上有基因A、B、C三個連鎖的顯性基因，相對應的另一條染色體上的連鎖基因為a、b、c。當豌豆交配時，同一條染色體上的基因A、B、C會一同遺傳給下一代，故當下一代的豌豆獲得基因A時，也會同時獲得基因B和C。此即與孟德爾所提出的分離定律相違背，基因若是獨立分離隨機組合傳遞至下一代，那麼下一代就可能會出現如A、b、c這種混合的基因型，與相對應的另一條染色體上連鎖的隱性基因重新組合。

　　但同一條染色體上的連鎖基因也並非永遠都相連在一起，當兩條獨立的染色體相互靠得很近時，連鎖在同一條上的基因可能會斷裂，並與另一條染色體上的基因互相交換，而獲得新的基因組合，這樣重新組合的過程稱為「基因重組」。除了兩條染色體之間的基因重組外，同一條染色體上的基因也可能發生重組，且當同一條染色體上的基因與另一個基因相隔距離愈長時，發生基因重組的機率也愈高。即便基因重組的過程中並不會產生新的基因，也不會有新的性狀產生，生物卻能透過基因重組而獲得不同基因組合的後代，使下一代能具有不同的性狀，具有不同適應環境的能力，提高族群延續的機會。

孟德爾第二定律

獨立分配定律 決定不同性狀的基因不會相互干擾，能個別決定其性狀表現。

例 將純種黃色(G)光滑皮(A)的豌豆(GGAA)與純種綠色(g)皺皮(a)的豌豆(ggaa)進行交配，得出第一子代後再次相互交配產生第二子代，其兩個子代所呈現的豌豆形態比例如下：

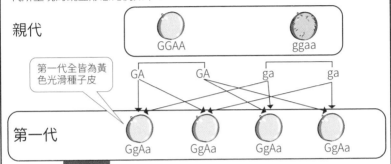

親代 GGAA　　　ggaa

第一代全皆為黃色光滑種子皮

GA　　　GA　　　ga　　　ga

第一代 GgAa　GgAa　GgAa　GgAa

相互交配

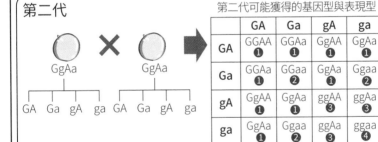

第二代

GgAa ✕ GgAa

GA Ga gA ga　GA Ga gA ga

第二代可能獲得的基因型與表現型

	GA	Ga	gA	ga
GA	GGAA ❶	GGAa ❶	GGAA ❶	GGAa ❶
Ga	GGAa ❶	GGaa ❷	GGAa ❶	GGaa ❷
gA	GGAA ❶	GGAa ❶	ggAA ❸	ggAa ❸
ga	GGAa ❶	GGaa ❷	ggAa ❸	ggaa ❹

決定種皮顏色及樣貌的基因能個別控制性狀的表現，不會相互干擾。

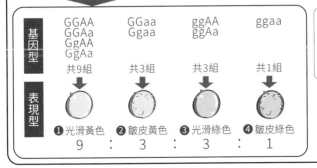

基因型
GGAA　　GGaa　　ggAA　　ggaa
GGAa　　Ggaa　　ggAa
GGAA
GgAa
共9組　　共3組　　共3組　　共1組

表現型
❶光滑黃色　❷皺皮黃色　❸光滑綠色　❹皺皮綠色
9　：　3　：　3　：　1

生物會「長大」──細胞分裂

生物藉由細胞分裂、複製更多的細胞來使個體增長。原核生物細胞因染色體結構簡單，且散於細胞質中，因此僅需將複製後的染色體切分至個別細胞中即達成細胞分裂。但真核生物細胞的染色體因有核膜包裹著，且分裂時還須仰賴紡錘絲牽動染色體至個別的細胞中，分裂過程較為複雜。

認識細胞分裂

　　生物個體的增長源自於體內細胞的增生，且必須透過體內原有的細胞進行細胞分裂，將一個細胞一分為二而達成，藉此生物體不僅能獲得新的細胞，還能使新細胞具備有原先細胞相似的構造和功能。然而，僅限於活細胞才能分裂增生，例如頭上的頭髮會不斷變長是因頭皮上的毛球細胞為活細胞，所以會不斷分裂增生以產生新的毛髮，除了毛球細胞，生物體內大部分的細胞如生殖細胞、皮膚細胞等均屬之。若是剪下一段毛髮，因毛髮上的細胞已是死細胞，所以毛髮並不會長長。

原核生物的細胞分裂

　　細菌等原核生物的染色體分散於細胞質中，進行細胞分裂時僅需在細胞分裂前先複製其環狀的染色體，複製後的兩條環狀染色體會各自附著在原核細胞欲分裂處的兩邊，當細胞從中央分裂為兩半時，兩個染色體便會隨著細胞分裂而切分開，各自進入新生成的細胞中，即完成細胞的分裂。

真核生物的細胞分裂

　　多數的動物和植物等所屬的真核生物，由於其細胞中線狀的染色體位於細胞核中，與細胞質隔了一層核膜，不像原核生物的染色體直接分散於細胞質中，故真核生物細胞分裂的過程相較之下也較為較複雜。其分裂過程可分有前期、中期、後期與末期四個階段：①**前期**：進行細胞分裂時，平時鬆散於細胞核的染色質會先變短變粗、纏繞壓縮成染色體，然後將每條染色體都複製成一對。細胞核膜也在此時逐漸裂解消失，使染色體能移至細胞質中，待分配。②**中期**：複製完成的染色體開始聚集在細胞中央稱為「赤道板」的區域，且排列成一直線。同時也逐漸形成由細胞骨架所組成的「紡錘絲」，來協助染色體的移動。正因為真核細胞的分裂過程會形成紡錘絲這個結構，故其分裂過程又稱為「有絲分裂」。③**後期**：經複製後的每對染色體都會以赤道板為中心，再各自分裂成單條染色體，並靠著紡錘絲的牽引移向細胞兩側。④**末期**：細胞中央的細胞膜開始往內縮，細胞逐漸分裂一分為二。此時細胞內的紡錘絲便逐漸消失，各自的核膜也同時重新形成，即完成細胞分裂，達成細胞複製。

生物的細胞分裂

原核細胞分裂過程

染色體位於細胞質中,複製環狀染色體後,可直接將細胞一分為二即完成分裂。

例 以細菌細胞為例

環狀染色體位於細胞質中

Step1 複製細胞中的環狀染色體,使細胞中具有兩條染色體。

Step2 染色體各自黏附至欲分裂的邊緣細胞膜,細胞逐漸分離。

Step3 中央細胞膜向內凹切分出兩細胞,而逐漸癒合,即完成細胞分裂。

二個細胞

真核細胞有絲分裂過程

染色體位於細胞核中,分裂過程須歷經前、中、後、末等四期才能完成細胞分裂。

例 以人類細胞為例

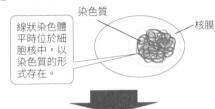

線狀染色體平時位於細胞核中,以染色質的形式存在。

染色質

核膜

前期 染色質逐漸濃縮成染色體,並複製成一對姊妹染色體,且核膜開始逐漸消失。

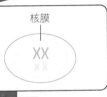

核膜

中期 細胞核膜已經消失,染色體可隨此時形成的紡錘絲移動,集中於細胞中央的赤道板上。

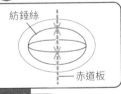

紡錘絲

赤道板

後期 紡錘絲開始牽引姊妹染色體中的一條,分別移動到細胞相對的兩側,使欲切分的兩細胞中,均具母細胞中一樣數量的染色體。此時,細胞也開始逐漸分離。

末期 細胞分裂為二,兩個細胞中的核膜均重新形成,包裹著相同數量及形態的染色體,即完成有絲分裂。

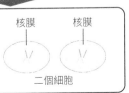

核膜　　核膜

二個細胞

動物的生殖

生殖是生物延續種群必要的能力，因此同樣具有生殖能力的動物，有些可藉有
性生殖繁衍出與親代有所差異的子代，有些則可藉無性生殖，以不需雌雄交配
即可產生後代的方式，快速增加族群數量。

有性生殖

　　生物由親代產出新個體的現象稱為「生殖」。雖然生殖對生物而言並非維持
生命所必需的行為，卻與生物族群的延續息息相關。生物的生殖方式可依據是否
經過雌雄性交配受精的過程分為「有性生殖」與「無性生殖」兩種。其中有性生
殖是指由雌性與雄性各自提供生殖細胞，雌性的生殖細胞稱為「雌配子」，而雄
性的生殖細胞則稱為「雄配子」，藉由雌配子與雄配子的結合形成能夠發育長成
的「受精卵」，受精卵在適合的環境下會逐漸發育為新的生命個體。

　　以人類為例，雄配子指的就是男性生殖系統中睪丸所製造的精子，雌配子
則是女性生殖系統中卵巢所製造的卵子。精子與卵子的形成必須經過「減數分
裂」的細胞分裂過程，「減數」意指在細胞分裂時會減半每個細胞中染色體的
數目。先從精子的形成來看，睪丸內具有最原始的生殖細胞「精母細胞」，其
發育成熟時便會使細胞中的每一條染色體均複製成對（姊妹染色體），形成初
級精母細胞。而初級精母細胞會先進行一次細胞分裂（第一次），將同源染色
體分離分配於每個細胞中，分裂後的細胞稱為次級精母細胞。接著次級精母細
胞又再進行一次細胞分裂（第二次），將同源染色體相互分離，分別分配一條
染色體於細胞中，此即為能發育形成精子的「精細胞」。因過程中經過兩次的
細胞分裂，因此精子中的染色體僅有原本細胞（2n）中的一半（n），待交配與
卵子結合，才能形成2n的新個體。

　　女性卵子的形成過程與精子有些許不同。同樣從最原始的生殖細胞「卵母
細胞」發育成熟形成「初級卵母細胞」，並經歷染色體複製成雙套，但接著初
級卵母細胞所進行的第一次細胞分裂會將雙套同源染色體分離開來，而分別形
成兩個大小不同的細胞，大的稱為「次級卵母細胞」，小的稱為「第一極體」
細胞。第一極體細胞會經由再一次的細胞分裂，而形成「第二極體」細胞，但
此細胞並不會發育成為卵子，且最後即萎縮消失。至於次級卵母細胞則是經過
再次分裂，將成對的染色體分離為單條，然後分裂成一個「卵細胞」以及一個
「第二極體」細胞。此第二極體細胞同樣會萎縮消失，僅剩卵細胞才得以發
育形成卵子。由於產生雄配子（精子）與雌配子（卵子）的過程中染色體都只
複製了一次，但卻分裂了兩次，因此最終細胞中染色體的數量都僅有原先的一
半，故稱做減數分裂。

生物的有性生殖

有性生殖是透過雄配子（精子）與雌配子（卵子）兩者的結合所產生的新個體。

例 人類的有性生殖

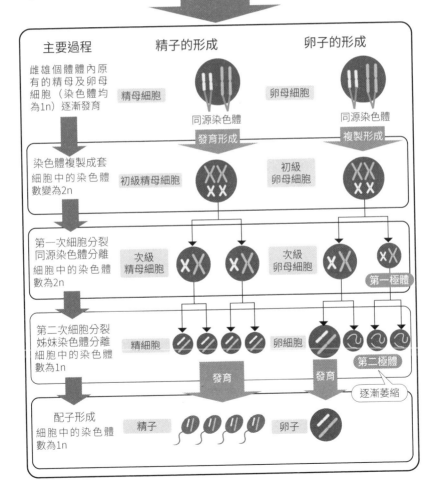

一個雄配子
（精子）
染色體數（1n）

一個雌配子
（卵子）
染色體數（1n）

形成 → 新個體

染色體數（2n）

主要過程	精子的形成	卵子的形成
雌雄個體體內原有的精母及卵母細胞（染色體均為1n）逐漸發育	精母細胞　同源染色體	卵母細胞　同源染色體
染色體複製成套 細胞中的染色體數變為2n	發育形成　初級精母細胞	複製形成　初級卵母細胞
第一次細胞分裂 同源染色體分離 細胞中的染色體數為2n	次級精母細胞	次級卵母細胞　第一極體
第二次細胞分裂 姊妹染色體分離 細胞中的染色體數為1n	精細胞　發育	卵細胞　第二極體　發育　逐漸萎縮
配子形成 細胞中的染色體數為1n	精子	卵子

要達成有性生殖就必須使精子與卵子結合，而其結合的過程稱之為「受精」，且當兩者結合在一起時，即形成「合子」（又稱之為「受精卵」），最後便從受精卵逐漸發育形成胚胎。由於在產生配子的過程，染色體會經歷重組使下一代擁有與親代不同的性狀組合，藉此幫助物種適應環境的變化。

無性生殖

除了有性生殖以外，有些單細胞或是無脊椎動物亦可透過無性生殖的方式產生下一代。無性生殖的過程不需要產生配子，比起有性生殖要簡單許多，可分為「分裂生殖」、「裂片生殖」、「出芽生殖」、以及「單性生殖」等四種方式：①**分裂生殖**：是指親代直接進行細胞分裂產生新的個體。如草履蟲等單細胞生物或海葵等一些多細胞生物。②**裂片生殖**：是指以自體斷裂出的許多碎片各自發育成新的個體生殖下一代，例如渦蟲等。③**出芽生殖**：是指在身體某部分長出芽體，在成熟以後脫落即形成一個新個體。例如水螅等動物。④**單性生殖**：以未經過受精的雌性卵子直接發育形成新的個體，例如蜜蜂。

無性生殖所產下的子代猶如拷貝一般，子代獲得幾乎與親代完全相同的基因，親代優良的特性可被完全傳承下去，缺點也是一樣地照單全收。正因為子代與親代幾乎完全相同，若是生存環境產生大幅變化時，這些藉無性生殖而繁衍的生物往往因無法適應環境變化，使族群存續面臨危機。

生殖形式

依照受精卵發育過程所處的環境以及接受養分的方式，動物的生殖還可區分為胎生、卵胎生、以及卵生三種形式。當受精卵是留在母親體內，由母體提供養分，使受精卵發育成長幼小的個體，之後胎兒才從母親體內生產出來，這種生殖方式稱為「胎生」。而若受精卵自母親體產出後，是透過周圍包覆的養分，以及體溫或是陽光提供的熱能，使受精卵在母親體外發育成新的個體，則稱為「卵生」。另外還有一種介於卵生和胎生的生殖方式，即是受精卵發育時所需的養分是由卵周圍包覆的養分所提供的，但養分並非直接從母體取得，這部分與卵生相似；但當受精卵發育完全時，才從母體中生產出來，這部分又與胎生類似，因此稱為「卵胎生」。

info　能同時兼具多種生殖型式的動物

雖然多數的胎生、卵生以及卵胎生均是透過有性生殖的方式產生下一代，但有些生物仍兼具無性生殖來繁衍更多的後代。例如鯊魚是一種同時具有胎生、卵生以及卵胎生三種不同生殖方式的動物，近年來有學者發現，鯊魚在沒有精子與卵子結合的情況下，也可以無性的方式由配子發育形成新個體。其他包括少數的爬蟲類、鳥類、硬骨魚類等也可透過卵生或是卵胎生的方式搭配無性生殖來產生下一代。

生物的無性生殖

分裂生殖

親代直接進行細胞分裂一分為二產生新個體，如草履蟲。

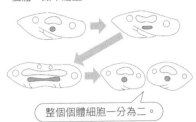

整個個體細胞一分為二。

裂片生殖

親代軀體斷裂後，每個斷片均可各自長成新個體，如渦蟲。

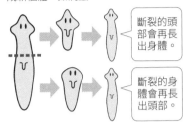

斷裂的頭部會再長出身體。

斷裂的身體會再長出頭部。

出芽生殖

從親代個體上長出一個芽體，此芽體逐漸成熟後便脫落形成新的個體，如水螅。

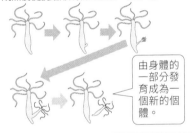

由身體的一部分發育成為一個新的個體。

單性生殖

親代體內未經過受精的卵子直接發育成新個體，如雌蜂。

雌蜂♀

雌蜂若是沒有交配會以單性生殖的方式產生雄蜂。

產下　雄蜂♂

生物不同的生殖方式

生殖方式	胎生	卵生	卵胎生
卵發育場所	母體內	母體外	母體內
養分來源	由母體提供	由卵本身提供	由卵本身提供
常見的動物	哺乳類動物如人類、虎、牛等	魚類、爬蟲類、鳥類等	鯊魚、孔雀魚、大肚魚

植物的生殖

植物進行有性生殖的過程與動物同樣有雄配子與雌配子的產生與結合。但植物除了可透過有性生殖增加下一代的變異性外，植物的根莖葉等營養器官亦可在適當的環境下以無性生殖加快提升種群的數量。

有性生殖

　　植物無法像動物一樣到處走動尋找配偶，交配產生下一代。因此為了解決繁殖問題，植物多半為雌雄同體，也就是說同一株植物能同時產生雄配子和雌配子使雌雄配子更易相遇而交配。以蕨類等低等植物來說，其進行有性生殖時，單一個體不僅會產生具有鞭毛的精子（雄配子），也會產生卵子（雌配子），其精子（單倍體）須以水為媒介，才能游動至卵子（單倍體）處，與卵子結合受精形成合子（雙倍體），發育生成能行有性生殖的個體，故蕨類植物無法生存於乾旱處。

　　高等植物的受精過程則與低等植物不同，以高等植物中有性生殖最發達的開花植物為例，開花植物的雄性生殖器官為「雄蕊」，雄蕊由「花藥」以及「花絲」構成，其雄配子體為「花粉粒」，位於花藥中。藉由風力傳播或動物如蜜蜂或蝴蝶的攜帶，花粉粒可傳遞至雌蕊，除了可能掉落其他株植物的雌蕊上，因植物多為雌雄同體，花粉粒亦可能直接掉落於自身雌蕊上（自體受精）進行有性生殖。而開花植物的雌性生殖器官為「雌蕊」，由「柱頭」、「花柱」以及「子房」所構成。開花植物的雌配子體為「胚囊」，位於子房中，胚囊中含有一個具單倍染色體的卵細胞以及兩個同樣具單倍染色體的「極核」。雄蕊的每個花粉粒中含有兩個「精細胞」，當花粉粒沾黏於雌蕊的柱頭上，花粉粒中的其中一個精細胞（單倍體）會將細胞中的「精核」（單倍體）順著花粉管傳遞至胚囊內，與胚囊內的卵細胞結合形成具雙倍染色體的「胚」，此過程稱之為「受精作用」，而胚即為之後能發育形成植物個體的主要結構。另一個精細胞中的精核（單倍體）則會與胚囊內的兩個極核（共具有雙倍的染色體）結合形成具三倍染色體的「胚乳」，但胚乳並不會發育成新的植物個體，而是用以提供植物最初發育時所需的養分。這種透過兩個精核猶如經歷兩次受精的現象，稱之為「雙重受精」。而植物即是以雙重受精的方式產生胚及胚乳共同組成能發育長成植物個體的種子。

花的構造與受精過程

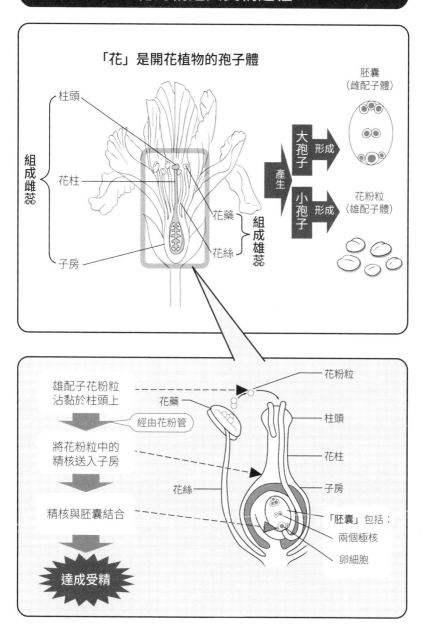

「花」是開花植物的孢子體

柱頭

花柱

組成雌蕊

子房

花藥
花絲

組成雄蕊

產生

大孢子　形成　胚囊（雌配子體）

小孢子　形成　花粉粒（雄配子體）

雄配子花粉粒
沾黏於柱頭上

經由花粉管

將花粉粒中的
精核送入子房

精核與胚囊結合

達成受精

花粉粒

花藥

柱頭

花柱

花絲

子房

「胚囊」包括：

兩個極核

卵細胞

　　高等植物的精細胞並不具有鞭毛，無法自行游動，但可藉由花粉管傳遞精細胞中的精核與卵細胞結合，故不需要依靠水做為媒介，開花植物也可以行有性生殖。

植物的無性生殖

　　植物除了與動物一樣能行有性生殖增加遺傳的變異性外，還具有能透過無性生殖使植物具有快速繁殖下一代的能力，植物的無性生殖可分為透過孢子、和營養器官兩種方式進行。前者多為蘚苔和蕨類等低等植物，將大量生產的孢子藉由風力等方式散播到適合成長的環境中，使孢子自行萌發成新的植物個體。後者則是絕大多數高等植物均可採用的無性繁殖方式，因透過植物的根、莖、芽、葉等營養器官來繁殖下一代，此又稱為「營養器官繁殖」，植物會特化合適其生存環境的營養器官來進行無性繁殖，例如以莖進行無性生殖的草莓及馬鈴薯，分別具有特殊的「橫走莖」及「塊莖」構造，當接觸到合適的環境（如土壤、水）時，莖就可生根並長成新的植物個體，達成無性生殖。而常利用根進行無性生殖的植物如甘藷和山藥等，則具有特殊的「塊根」構造，同樣在合適的環境下，即能長出細芽，逐漸成長為完整的個體。

　　透過無性生殖植物得以讓子代完全承襲親代的特性，即使優、劣特性均承襲至後代，但此生殖方式即是植物得以將親代所具有的優良特性，歷經數代仍存留下來的重要原因。

植物的有性生殖

花粉粒沾黏於雌蕊的柱頭上

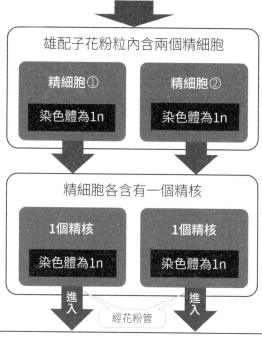

雄配子花粉粒內含兩個精細胞

| 精細胞① | 精細胞② |
| 染色體為1n | 染色體為1n |

精細胞各含有一個精核

| 1個精核 | 1個精核 |
| 染色體為1n | 染色體為1n |

進入　經花粉管　進入

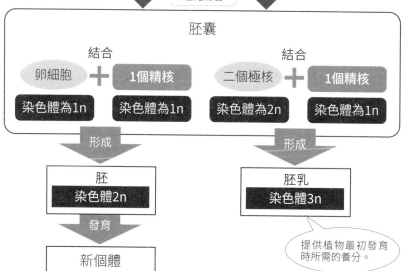

胚囊

卵細胞 結合 + 1個精核　　二個極核 結合 + 1個精核

染色體為1n　染色體為1n　　染色體為2n　染色體為1n

形成　　　　　　　　　　形成

| 胚 | 胚乳 |
| 染色體2n | 染色體3n |

發育

新個體

提供植物最初發育
時所需的養分。

細菌的生殖與遺傳

細菌主要以無性生殖來繁衍下一代，但在特殊的情況下，細菌仍可透過接合作用、轉形作用以及轉導作用等過程，獲得更多基因重組的機會，以提升下一代適應環境的能力。

細菌藉無性生殖繁衍後代

　　細菌主要採以無性生殖的方式繁衍，加上相較於植物與動物，其細胞結構較為簡單，因此繁殖過程也顯得簡單許多。細菌的無性生殖主要以「分裂生殖」的方式來達成，透過細胞的發育，體積會逐漸增大，染色體便開始進行複製，當細菌細胞增大為一般細菌約兩倍大時，細胞中央會凹陷，將細菌一分為二，並形成個別細胞的細胞膜及細胞壁，複製的染色體也會各自分配到兩個新的細菌細胞中，即完成無性生殖，快速產生新個體。

細菌的遺傳重組

　　除了以無性生殖增加族群數外，細菌也能經由三種不同的基因傳遞方式，增加基因重組的機會，加速累積變異於下一代中，提升族群的適應能力：①接合作用：細菌除了本身的染色體帶有DNA分子以外，尚有一種游離在細菌細胞之中、帶有環狀DNA分子的「質體」，同樣能從一個個體（親代）經複製後傳給另一個個體（子代），使子代多了一次基因重組的機會。例如大腸桿菌可分為具有質體的「正交配型」個體和不具質體的「負交配型」個體兩種類型，正交配型個體能夠複製質體、並將質體透過一條連接正、負交配型，呈中空管狀的接合管，傳給不具此質體的「負交配型」個體，使負交配型接收了質體後轉變成正交配型。這個過程中，負交配型的大腸桿菌自身原先的DNA可能會與所獲取的質體上的DNA進行重組而形成新的基因組合。因此此透過接合管傳遞遺傳物質的過程即稱為「接合作用」。②轉形作用：是指有些細菌可直接攝入存在於外界環境中的DNA分子，像是攝入周遭已死亡的細菌所裸露出來的DNA，而從外界獲得的DNA會與原先的DNA進行重組，因此而獲得新的基因組合。③轉導作用：是指一種名為「噬菌體」的病毒寄生於細菌中並合成新的噬菌體時，會將病毒的DNA分子注入細菌體內，使病毒的DNA分子與菌體內的DNA分子結合，成為自身菌染色體的一部分。當噬菌體病毒離開細菌菌體要尋找下一個細菌感染時，會將之前寄生的細菌DNA帶入所合成的新的噬菌體中，因此當新的噬菌體感染另一個細菌時，就能把前一個細菌的DNA分子傳遞至下一個細菌體內，使下一個細菌因此獲得其他細菌的DNA分子，而提供了基因重組的機會。

細菌的生殖與基因重組

細菌能以取得其他個體DNA的方式，進行基因重組：

 接合作用 有些細菌能透過連接兩個細胞的接合管，將質體由一個細菌體傳遞至另一個不具質體的個體中，而與個體中原先的DNA進行重組。

 大腸桿菌的正交配型（具質體）與負交配型（不具質體）形成接合作用，藉以重組DNA

與原先細胞中的DNA進行重組。

正交
配型
負交
配型

接合管

質體透過接合管，傳入另一個細胞中。

 轉形作用 有些細菌能直接攝入存在於外界環境中的DNA分子（源自其他細菌釋出至外界環境中），並與自身原先的DNA進行重組。

外來的DNA分子。

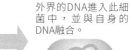

細菌的DNA分子進入另一個細菌體內。

外界的DNA進入此細菌中，並與自身的DNA融合。

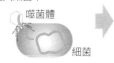 **輔導作用** 有時噬菌體能成為細菌基因重組的媒介，透過噬菌體取得一個細菌的DNA，此DNA再經由噬菌體轉移給另外一個細菌，而促成此細菌的基因重組。

噬菌體病毒將自身DNA注入細菌中。

噬菌體

細菌

病毒DNA融入細菌染色體中共存。

病毒進入下一個細菌宿主前，病毒的DNA會瓦解細菌的染色體DNA，使兩者分離。

新宿主細菌取得另一細菌的DNA，而有了基因重組的機會。

噬菌體再度找到其他的細菌宿主，並將其DNA注入此細菌中。

病毒DNA移出細菌宿主時可能夾帶著細菌的DNA。

Chapter6
生命與環境：
生態系

生態系是由生物和環境共同組成，其範圍可大可小，從森林、草原、沙漠、湖泊、溪流到海洋，都呈現出不同樣貌的生態系。生態系中的生物因對能量、養分及空間的需求而產生互動，彼此相互影響，形成環環相扣、密不可分的關係。由於生態系中生物所需的能量源自於環境的提供、養分物質亦必須經由環境調節，才能被生物取用。顯示出各種環境及各樣生物都是維繫整體生態系穩定和平衡的一分子，均有重要的存在價值。

學習重點

∙∙∙

- ❥ 什麼是「生態系」？環境和生物在其中所扮演的角色為何？
- ❥ 影響生態系的因子有哪些？
- ❥ 什麼是食物鏈與食物網？如何構成？
- ❥ 生態系有哪些類型？
- ❥ 生態系中的養分如何循環供生物再次利用？
- ❥ 生態系中的能量如何在生物間流轉？
- ❥ 生態系中生物間存在著哪些互動關係？
- ❥ 什麼是「生物多樣性」？其對於生態系穩定有何意義？
- ❥ 什麼是「生態系服務」？包括有哪些？
- ❥ 生態系面臨的危機有哪些？

何謂生態系？

生態系指的是環境和生存其中的生物所組成的共同體，由於共存於同一地域，彼此互依互存，形成供需平衡的關係。而生態系中各種生物和非生物性的交互作用，都會影響生態系的穩定與平衡。

生態系的組成與運作

生態系中的生物大致可區分為三種角色：生產者、消費者與分解者，每一種生物都各司其職，以達成生態整體的平衡與穩定。**生產者**主要為綠色植物，能自環境中獲取能量、自行製造養分來維持生命，是其他生物食物和營養的來源，因此又稱為自營生物。**消費者**本身雖無法直接自環境中獲取能量，但可藉由攝取其他生物來獲取生存所需的能量與養分，例如大多數的動物從生產者和其他生物取得能量與養分。但隨著各級消費者的取用可利用的能量會逐漸減少，因此必須不斷透過吸收陽光或攝食才能重新取得。**分解者**如細菌和真菌等，可將生物屍體及其他有機碎屑加以分解，釋出生物體的養分回到自然環境的最初型態，再從頭被循環利用。生態系即藉由生產者、消費者及分解者和環境的交互作用，使養分和能量週而復始地循環著，供生物利用。

生態系的影響因子

生態系的劃分可大可小，小如水族箱，大如整個地球，只要能形成平衡運作的系統，便可稱為一個生態系。由於生態系中的所有生物角色，和所處的環境，都對生態系有著舉足輕重的影響，因此影響生態系平衡穩定的因素便可區分為生物性因子，與非生物性因子兩大類。**生物性因子**是指因為生物活動而衍生出的影響因素，如個體數量、競爭、疾病等。此類因子多半是因生物間存在的互動關係而產生，因此互動愈多、關係愈密切的生物，相互影響愈明顯。例如因為生物的個體數量不斷增加，使得取食同一類食物資源的生物更容易相互競爭。另外，**非生物性因子**又稱為環境因子，包括陽光、氣溫、水、土壤等，多為維繫生命的基礎資源，環境的狀態與變動對生態系的存續有著直接且明顯的影響。

從個體到生物圈

在生態系中，一個生物個體是能獨立利用環境資源的最小單位，而同一種類的生物個體會因生存條件相同而聚集在一起，形成「**族群**」。生態系中通常共存著許多不同種類的族群，同一族群生活在同一個空間範圍裡共享其中資源的同時，彼此多半有著密切的互動關係，例如競爭同一區域的食物，或是以

合作的方式取得養分和食物等。而這些不同的生物族群在生態系中則是組成了「群集」，又稱為「群落」。換句話說，生態系便是群集和環境資源的組合。此外，若把地球視為一個生態系，其中具有生物生存的範圍均總括稱為「生物圈」，其範圍極為廣泛，從平均海拔四千公尺以上的青康藏高原，到地底下幾千公尺，均有生物的蹤跡，都可歸為生物圈的範圍。

生態系的組成

能接收陽光轉化形成能量，供其他生物取用，如綠色植物。

生產者

必須捕食其他生物獲取能量及養分，如多數的動物。

消費者

分解者

分解生物屍體等有機物質，將養分回歸於環境中，供循環使用，如細菌、真菌等。

個體	組成	族群	組成	群集	組成	生態系
生態系中能獨立利用環境資源的最小單位		一個族群由相同種類的生物個體組成		多個生物族群組成一個群集		＝ 所有生物 ＋ 環境

包含

生物因子
因為生物的活動而衍生出的影響因子，如：
● 競爭
● 疾病
● 擁擠
　　　：

非生物因子
又稱為環境因子，多為維繫生命的基礎資源，如：
● 陽光
● 氣溫
● 水
● 土壤

影響生態系穩定與平衡的重要因素。

生態系中的食物鏈與食物網

生物必須透過攝食，才能從環境中獲得維持生命所需的能量與養分。生態系中的每一種生物同時都是取食者和被取食者，使生態系中的生物形成連結的食物鏈關係，進而形成複雜的食物網。

食物鏈

在生態系的生物可被分為生產者、消費者和分解者三種角色。做為生產者的多數綠色植物，最主要的作用便是吸收陽光行光合作用，藉此將外界環境中的能量及養分轉化進入生物體內。消費者又可分為初級消費者、次級消費者、三級消費者…等。初級消費者指的是如馬、牛、鹿、羊及部分昆蟲等草食性動物，這些動物藉由取食生產者獲得養分及能量。次級消費者則是指以初級消費者為主要食物來源的動物，例如獵食草食動物的獅子、老虎、豹、狼等肉食性動物。以此類推，三級消費者是以次級消費者為食物來源，例如老鷹等猛禽會取食吃蟲的鳥類、蛇會取食吃蟲的青蛙等即屬三級消費者。此外在生態系複雜的取食關係中，亦可能具有能取食三級消費者，而擔任四級消費者角色的生物，例如有些鳥類會捕食蛇類、北極熊會捕捉海豹做為食物來源等。這層層的取食關係形成了生產者→初級消費者→次級消費者→三級消費者→四級消費者，就像鏈子一般，因此稱為食物鏈。

同一生態系中因每一種生物取食和被取食的對象不同，故有許多的食物鏈。例如草原生態系中，「草→斑馬→獅子」或「草→羚羊→獵豹」皆可分別形成一條生產者至次級消費者的食物鏈。由於生物所需的能量在食物鏈的層層傳遞之下會逐漸散失，因此一般生態系中的食物鏈最多只能延續三至四級消費者就會停止，無法無止境地延續下去。

食物網

在大自然的生態系中，不會只有一條食物鏈這樣簡單的關係，多半都會有多種不同的生產者和消費者組成多條食物鏈，將這些食物鏈連結起來，就會交錯成一個網狀且複雜的取食關係，即稱為食物網。

若一個生態系中的食物網交錯愈複雜，表示該生態系較不會因某一物種消失或變動即產生劇烈影響，整個生態系的運作也就愈穩定。例如草原生態系中若只有單一條食物鏈「草→斑馬→獅子」，獅子的獵物只有馬，當斑馬數量減少時，獅子的食物來源馬上就會跟著減少，而草則因斑馬減少而增加，同時造成相關的兩種生物族群波動。

但是如果獅子的獵物有斑馬、羚羊、非洲水牛、牛羚、蹬羚等，那麼即便

斑馬的數量減少，獅子亦仍有其他的食物來源，不管是獵食或是被獵食的族群生存都較不易受影響。整個生態系固有複雜的食物網關係，消費者有較為多種的食物來源，而得以緩衝因食物缺乏造成食物鏈的波動，生態系也因此能維持穩定與平衡。

生物的取食關係

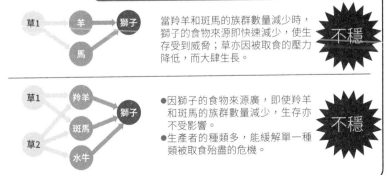

生態系的種類

由於地球上的環境經過長時間的演變，地景樣貌繁複多變，再加上不同的緯度造成各異的氣候型態，形成了各種不同的環境和具有不同特性的生態系，供養著不同適應能力的各種生物。

水域生態系

　　地球上的生態系主要分成水域生態系及陸域生態系。水域生態可依水中鹽度的差異分為淡水生態系和海洋生態系。淡水生態系是指淡水，即鹽度較低的水域，是溪蝦、水棲昆蟲等不耐鹽的生物的棲所。淡水生態系還可分為：①**流動水域**：如溪流、河川等，不間斷的水流能將空氣帶入水中，使水中的氧含量較高，因此好氧的生物棲息生長於此，如藻類和固著性較佳的水草，以及各類需要較高含氧量的魚類，如台灣特有的高山**鯝**魚等。②**靜止水域**：如湖泊、池塘等，因為水深較深、陽光無法照到底部，加上水較少流動，水中含氧量較低，能生存於此的生物較少，僅如大型的挺水植物，因其植株能挺出水面獲取光照和氧氣，所以才能生存於靜止水域中；生存於此域的魚類也較少，僅有能適應水流較少、水質混濁的魚類，如吳郭魚、鯉魚等。

　　另外，海洋生態系因離岸遠近而有不同的水深，光線能否穿透到水中是影響生物分布的主要因素。離岸較近的近海區域因光線能穿透至水中，讓大型藻類、海草等需要一定光照量的植物生存於此，提供了像是各種螺貝類等軟體動物、魚類等穿梭及躲避的適存空間。而離岸較遠的遠洋區域，因光線無法穿透入水中，生存於此的植物以能隨著海水移動獲取養分的浮游性藻類為主，而動物則是以上層海水沉入的有機碎屑為主的浮游性動物，或以其他魚類為食的大型魚類為主，如鯨豚、鯊魚等。

陸域生態系

　　陸域生態系隨著緯度和陸地高度不同，各地氣溫、雨量和光照均有所差異，使陸域環境變化多端，孕育著不同生存特性的生物。在緯度六十六・五度以上的南極圈和北極圈內的高緯度地區，其全年日照時間短、氣溫低，多為具耐蔭、抗寒等特性的生物，如針葉樹種、熊、鹿等生存於此。而隨緯度降低，南回歸線至南極圈、和北回歸線至北極圈附近，相當於南、北回歸線的二十三・五度到六十六・五度之間的中緯度地區，因全年的日照時間增長、氣溫相對提高，依各地雨量的多與寡，有落葉林生態系及草原生態系等，但相較於高緯度地區，此區域更為符合多數生物生存需求的環境，棲息於此的生物相當多樣。落葉林生態系中，如落葉或長綠樹種等植物，可生長及發育的時間較

長，又加上豐沛的雨量，樹木多能長得高大，森林底層亦能供許多小灌木或開花植物的生存，因此能供養繁多的動物種類，如囓齒類動物、鳥類，以及其他以植物果實為主要食物來源的動物等。而草原生態系的雨量較少，無法提供較多的樹木生長，因此多為禾本科等草本植物，大型草食動物如斑馬、羚羊等，以及大型的肉食動物如獅子、獵豹等。

此外，在赤道○度至南、北回歸線二十三・五度之間的低緯度地區雖然全年的日照時間呈現最長、氣溫也最高，但因雨量的兩極化，而形成兩種極端的生態樣貌：一是雨量充沛的熱帶雨林生態系，因長時間的光照和充足的水分，因此能供養全年長綠的闊葉樹，以及許多靈長類、鳥類、兩棲類、昆蟲等生物棲息其中，是全球生物多樣性最高的生態系。另一是雨量不足的沙漠生態系，則因缺乏水分，光照又強烈，棲息於此的生物均必須能抗旱，如仙人掌，其葉子特化成針狀可減少水分的散失，且具有肥厚的莖可儲存水分；另外還有蜥蜴與蛇，其體表均具有鱗片，可防止水分散失。

生態系的種類

水域生態系

淡水生態系
鹽度較低的
水域

流動水域生態系
水能不間斷地流動，水中含氧量較高。
例如 溪流生態系、河川生態系等。
適存生物 藻類和固著性較佳的水草、櫻花鉤吻鮭、溪蝦、水棲昆蟲等。

靜止水域生態系
水較少流動，含氧量較低；水深較深，陽光不易透入水裡。
例如 湖泊生態系、池塘生態系。
適存生物 大型挺水植物、魚類如吳郭魚、鯉魚等。

海洋生態系
鹽度較高的
水域

近海生態系
離岸較近，水淺，陽光較能透入水中。
適存生物 大型藻類、海草、魚類及螺貝類等軟體動物。

遠洋生態系
離岸較遠，水較深，光線難以透入水中。
適存生物 浮游性藻類、浮游性動物、鯨豚、鯊魚等。

陸域生態系

高緯度地區
緯度66.5度以
上的南極圈和
北極圈內

全年日照短，氣溫低，生物須具耐蔭、抗寒的特性。
例如 苔原生態系、針葉林生態系等。
適存生物 針葉樹、鹿、熊。

中緯度地區
從南北回歸線
的23.5度到
66.5度之間

全年日照適中，氣溫適中，相較於高緯度地區有更多樣的生物棲息。依雨量分有兩種不同樣態的生態系：落葉林生態系與草原生態系。
適存生物 落葉林生態系（雨量多）：落葉或常綠樹種、鳥類、哺乳類如松鼠等。
草原生態系（雨量少）：禾本科植物為主、大型草食動物如斑馬、羚羊等，及大型肉食性動物如獅子、獵豹等。

低緯度地區
赤道0度至南
北回歸線23.5
度之間

全年日照最長，氣溫最高。可因雨量多寡，形成兩種極端的生態樣貌：熱帶雨林生態系、沙漠生態系。
適存生物 熱帶雨林生態系（雨量多）：多常綠樹種、許多靈長類、鳥類、兩棲類、昆蟲等。
沙漠生態系（雨量極少）：仙人掌、蜥蜴、蛇等。

養分循環

生物用以維繫生命的養分以不增不減、固定的存量保存於環境中。透過生物與環境的互動，如動物的利用及排出、環境的淨化與保存等轉換樣態的過程，循環不絕地存在於自然環境中，供代代生物永續利用。

養分的循環模式

　　生物維持生命所需的養分均來自於自然環境的提供，其中，水、碳、氮及磷等四元素，是生物體組成和維繫生命所需最主要的養分。水在體內占的比例高達七○％，是各項化學作用的基礎，亦在生物體溫調節上扮演重要的角色。碳、氮及磷是組成肌肉、骨骼、遺傳物質等的基礎元件，其重要性不言而喻。然而，這些元素在地球上僅有固定的分量，不會增加、亦不會減少。其之所以能不斷地供應生物體，是因為養分能在環境及生物之間轉換樣態，經生物利用後，回歸於環境中的原來狀態，之後再供應生物利用。透過如此不斷的循環存在著，供生物永續利用，維持著生態系的穩定。

四大養分如何循環不已

　　水循環　水可以以液態、固態和氣態三種形式存在，水會以氣態的形式存在於大氣中，積聚凝結成為液態狀，如雲或霧，再以下雨或降雪方式降落於地表，順著溪流、河川等流入大海，或集聚於湖泊，另外也能直接地滲透到地底下形成地下水。落到地表土壤中的水，可以被植物的根部吸收，動物也可透過飲用的方式攝取所需的水分，經生理運作之用後，植物會藉由葉片的蒸散作用，動物則以排泄和排汗的方式，將所吸收和利用的水分回歸於環境中。而後，在陽光的照射下，水再以水蒸氣的形式，蒸發回到大氣中。

　　碳循環　碳以氣態化合物如二氧化碳、一氧化碳等方式存在大氣中。自植物吸收二氧化碳行光合作用後，會將其轉變為碳水化合物，如葡萄糖等，再經由食物鏈的傳遞，動物可從取食植物、或獵食其他動物，獲取醣類時取得碳，供生理運作之用或成為個體構建的要素。最後生物再經由呼吸作用，及其死亡後的屍體經分解者（如土壤中的細菌）的分解回歸大自然。呼吸作用排出的二氧化碳，讓碳以氣體的形式回歸於大氣中，再次透過植物的吸收，轉化成醣類，以供其他生物再利用。而當生物死亡後，留下的遺體將由細菌等分解者分解，並產生二氧化碳，使碳回到大氣中。但若在地底下被完整且長時間保存的話，便會形成碳礦或石油等石化原料，供人類做為燃料、或再製成用品，而燃料經燃燒後也會轉變為二氧化碳或一氧化碳等釋放於環境中，增加回到大氣中的碳含量。

氮循環 氮在大氣中可以元素態—氮氣(N_2)及化合態如一氧化氮或二氧化氮等形式存在。大氣中的氮會透過存在於土壤中稱為「固氮菌」的細菌，和一種與植物根部共生的細菌「根瘤菌」，進行「固氮作用」，將氣態的氮轉化成含氮化合物銨鹽；銨鹽亦可再藉由土壤中的硝化細菌，在「硝化作用」的運作下，將銨鹽轉變成為硝酸鹽。氮轉化成銨鹽或硝酸鹽後，即可被植物吸收利用。接著動物經由攝食植物獲取氮，然後循著食物鏈在生物間傳遞運用。最後透過分解者的「脫氮作用」，將生物的排泄物及死亡生物遺體中的含氮化合物，分解轉換成氮氣、一氧化氮等氣體後釋放回大氣中，供再次利用。

磷循環 磷的循環和其他元素不同，顯得既封閉又緩慢。有別於碳、氮等以氣體存在於大氣中的方式，磷則是以磷酸鹽的方式保存於岩層中，並無法以氣體的形式存在。岩石透過風化作用，將磷酸鹽釋放出來，溶於水中後在土裡經由植物的根部吸收，然後隨動物攝食植物而進入食物鏈傳遞。動物透過食物鏈取得磷之後，會固定在體內的牙齒、骨骼等處。磷在生物間流轉的過程中，會隨著動物的排泄物，如尿酸、糞便排出，以及死亡之後的軀體經過分解，磷才又回到環境中，以化合態的方式存在於岩石和土壤中。磷循環的整個流程中，並不會進入到大氣，而是在岩石圈與生物體間傳遞，整個循環歷時長久、傳遞過程緩慢，因此稱為封閉型的循環。

養分的循環

水循環

生物皆可直接取用水，並可藉由蒸散、排泄或排汗等，將水排入海洋或土壤，或直接發散至大氣。

水以氣態的形式存在於大氣，藉凝聚成雲，以下雨或降雪進入地表。

經由陽光照射，水分會蒸散形成水蒸氣，回到大氣中。

蒸散

碳循環

吸收

CO_2

植物吸收二氧化碳行光合作用。

透過攝食植物取得碳元素。

CO_2 大氣中含有二氧化碳

呼吸與細菌分解動物屍體產生二氧化碳，使碳回到大氣中。

氮循環

土壤中的硝化細菌可將銨鹽轉化形成硝酸鹽，供予植物吸收。

N_2 大氣中含有氮氣

透過食用植物取得氮元素。

細菌行脫氮作用，將生物的排泄物及生物遺體中的含氮化合物轉為氮氣，釋放回大氣中。

植物根部的根瘤菌能將氮氣轉換為可利用的形式—銨鹽。

磷循環

磷以磷酸鹽型態存在岩層中。

植物能由根部吸收土壤中的磷酸鹽，並藉著動物的取食而傳遞於生物間，供生命運作之用。

經細菌分解，使磷又以磷酸鹽的形式回到環境，固定在岩層內。

岩石會經由風化或水流侵蝕，將磷酸鹽釋出，而溶於水中，並進入土壤。

生態系的能量轉換

生物做每一個動作都需要消耗能量，就連最基本的呼吸也不例外。能量來自於養分，是生物維繫生命的基本條件。當生產者從太陽接收能量，便會經由生物層層的取食關係，一點一點地消耗。

能量流轉的「十分之一定律」

　　陽光是生態系中最初的能量來源，由生產者接收後，轉化為生命可以利用的形式，而後初級消費者取食生產者、次級消費者再捕食初級消費者，以此類推，透過食物鏈來獲得維繫生命所需的能量。例如草原生態系中，小草吸收陽光行光合作用，將光能轉化成成醣類，如葡萄糖等，做為生物體運作時所需的能量；而斑馬啃食地上小草，獅子則獵食斑馬，同樣藉由攝入食物獲取能量。由於取食者需要源源不絕的能量以維持生理運作，然而，從食物獲取的能量卻多會隨著代謝運作轉化成熱能的形式散失，最後僅能在生物體內留存些微尚未被消耗的能量。

　　生物取食獵物時，大抵僅能獲取其體內總能量的一○％，此即為能量於生物間傳遞的「十分之一定律」。也就是說，假設生物體體內的能量為一○○％，其中有高達約九十％的能量會被耗用於該生物的生命運作，僅有十％的能量被保存下來，供應給下一個取食者（消費者）。舉例來說，當斑馬吃草的時候，草中只有十％的能量可以傳遞到斑馬的體內；相同地，當獅子獵捕斑馬的時候，斑馬也只有十％的能量供給獅子利用；因此獅子從原先由草所提供的一○○％能量中，實際上僅得到了一％的能量。

　　由此可知，隨著食物鏈的層層取食關係，能量會逐漸減少。此外，若食物鏈的長度愈長，最後一個消費者能獲得生產者中的能量就會愈少。例如在「米→昆蟲→雞→人」的食物鏈中，人從米中所獲得的能量會比「米→雞→人」少了九十％的能量，但倘若人直接吃米的話，便可以直接取得米中十％的能量，避免經由雞的取食而再次散失米中九十％的能量。

生態金字塔

　　在生態系中，生產者能從環境中獲得能量，並且提供給消費者利用，因此生產者在生態系中所占的數量比例通常是最為龐大的。依據能量傳遞的十分之一定律可知，若是一百公斤的草能提供十隻斑馬所需的能量，十隻斑馬卻僅能支持一隻獅子生存所需的能量，因此食物鏈中愈高層級的消費者所能獲得的能量便愈少，那麼愈高層的消費者在生態系中所占的數量當然也就愈少。這樣的能量供給關係就像金字塔般：底部廣大，為生產者所具有的一○○％的能量，

而向上隨著消費者取食，生物所獲得的能量逐漸減少。而這樣依據生態系中各種生物所獲取的能量所整合形成的金字塔圖，即稱為「能量塔」。

另外，能量隨取食關係而遞減的概念，若套用在生物的數量及質量上，同樣也會形成金字塔狀，即稱為「數塔」和「生物量塔」。數塔顧名思義，就是以生物數量的角度，來呈現食物鏈中各階層的生物族群分布的比例。一般而言，一個生態系多由數量較多的生產者（塔底）支持著數量較少的消費者，例如廣大的草原提供有限的斑馬存活，而這些斑馬則提供數量更少的獅子族群存活。僅有少數的情況，消費者的數量會大於生產者（例如以一棵樹做為生態系，樹上的毛毛蟲數量有可能多於可供應取食的樹葉數量）。生物量塔則是從生物的重量的角度，來了解生態系中生物的供需程度，例如塔底為總重量一萬公斤的草，其可以支持一千公斤的斑馬存活，而一千公斤的斑馬只能支持十公斤的獅子存活，以此類推。

而不論是從數塔或生物量塔皆可得到一個結論，即生態系中為支應維持各層級消費者的生存，尤其較高層級的消費者數量和總重量，所需的生產者的數量和總重量就愈大，如此才足以供養所有的生物生存。

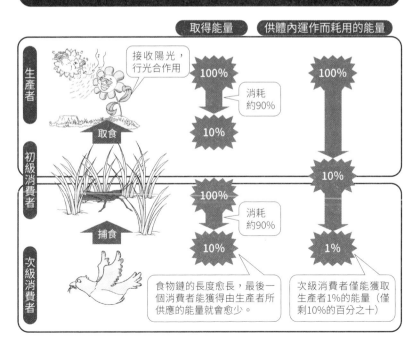

能量的十分之一定律

生態金字塔

能量塔
依各層生物能量總和所構成，底部有較大的基礎能量，愈往上層能量總和愈少。

能量在生物間的傳遞，依循著十分之一定律，而逐漸散失，因此食物鏈中愈高階者，所具有的能量總和愈少。

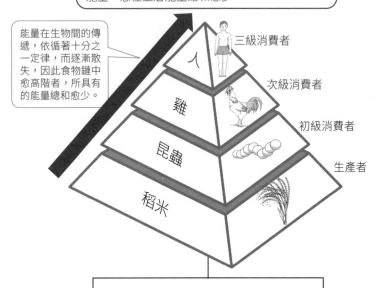

三級消費者

人

次級消費者

雞

初級消費者

昆蟲

生產者

稻米

生物量塔
底層的生物即便個體的質量小，但由於個體數量多，因此質量總和仍較上層高。

數塔
依生物個體數所組成，底層的生物負責供應生態系能量，因此個體數也較多。

生態系中必須存有大量的生產者，才足以支持食物鏈頂端的生物生存。

生態系中能量有限，愈上層的生物所能利用的能量愈少，因此需要底層愈多數量的生產者支應。

1公斤　鷹
10公斤　鳥
100公斤　昆蟲
10,000公斤　草

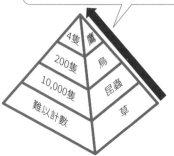

4隻　鷹
200隻　鳥
10,000隻　昆蟲
難以計數　草

生物的互動關係

生物會以各種方式取得生存所需的資源，例如捕食、寄生等。然而因生態系中的資源有限，生物間必須以競爭或合作的方式獲取資源，才能滿足生存所需。但不論是競爭或合作，都代表著整個生態系中各種生物間緊密連結的互動關係，幾乎沒有任何生物能單獨生存於環境中。

捕食與寄生

生物取食其他生物的行為稱為捕食，這是多數生物維持生命的方式，也是構成生態系中食物鏈的必要條件。捕食者透過捕食獲取養分與能量，被捕食者則因此喪失生命，表面上，雖然似乎是捕食的一方獲利、被捕食的一方受害的局面，但實際上卻有益於被捕食者的族群存續。因為當有些個體遭受捕食，反而能緩解其族群數量只增不減、最後造成食物資源不足而死亡等問題，藉此使個體強壯或適應能力較強的個體存留，淘汰那些易遭捕食、生病或虛弱的個體，以維持族群整體的生存適應力。

除了捕食外，有些生物則是透過寄生的方式來獲得養分及能量。這些寄生者能透過依附在宿主（其他生物）的體內，獲取宿主身上的養分與能量，因此造成了宿主養分缺乏、生長情況不佳或生病。但通常不會造成宿主死亡，因為這樣寄生者才能從宿主身上得到源源不絕的養分。例如蛔蟲寄生在人類的腸子裡，可能會造成體重下降、營養不良等病症，但並不會造成人的死亡。

生存的競爭與合作共生

食物資源有限的生態系中，生物間最容易發展出的關係是競爭，不同的動物族群間彼此競爭食物來源及生存空間，例如獅子和獵豹競爭草原上的羚羊，而羚羊和斑馬則爭奪草原上的小草等。而同種的生物間競爭更為激烈，除了生存空間和食物來源相同之外，還有配偶的爭奪，如當繁殖季節來臨時，雄鹿們會用頭上的角相互較勁，戰勝的一方才可獲得交配的權利繁衍子嗣。但並非不斷競爭才是生存之道，生物間亦能發展出類似合作的共生方式，在兩種生物的配合下，使彼此都能獲取資源，增加生存的機率。例如榕屬植物的榕果能提供榕果小蜂一個產卵、孵化的環境，而榕果小蜂則幫助榕屬植物傳遞花粉，提高繁衍機會，因此形成雙方互助合作，共同獲益的關係，即稱為「互利共生」。

此外，另有一種生物的共生方式是僅有一方得到益處，而另一方則是不受危害或其他影響，例如鮣魚會吸附在鯊魚身體表面，使其有更多機會撿食鯊魚吃剩的碎屑做為食物來源，但對鯊魚的生存並不會造成任何影響，形成一方獲利，一方則無影響的共存關係，即稱為「片利共生」。

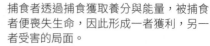

生物的互動關係

捕食

生物捕捉其他生物為食的行為。

捕食者透過捕食獲取養分與能量，被捕食者便喪失生命，因此形成一者獲利，另一者受害的局面。

 鳥兒捕捉小蟲、獅子捕捉羚羊等。

競爭

生物間爭奪有限的資源，如食物、空間等。

●不同的動物族群間彼此競爭。

例 獅子和獵豹競爭草原上的羚羊、羚羊和斑馬爭奪草原上的小草。

●同種間生物的競爭，除競爭食物和空間外，還有配偶的競爭

例 雄獅為了取得和母獅的交配權而打架。

寄生

寄生者透過依附在宿主的體內，從宿主身上獲取所需的養分與能量。

為一方受益，另一方受害的共存關係。

例 蛔蟲寄生在人類的腸子裡，可能會造成體重下降、營養不良等病症，但並不會造成人的死亡。

片利共生

兩種生物會共同生活，但僅有一方受利，另一方沒有益處但也不會受害。

為一方受益，另一方不受影響的共生關係。

 鮣魚吸附在鯊魚身體表面，跟隨著鯊魚四處游走，藉此取食鯊魚吃剩的碎屑，但對鯊魚的生存並不會造成任何影響。

互利共生

生物能以合作的方式，使雙方都能各取所需的一種共生關係。

為雙方均獲益的共生關係。

例 榕屬植物的榕果能提供榕果小蜂一個產卵、孵化的環境，而榕果小蜂則幫助榕屬植物傳遞花粉，提高繁衍的機會。

生物多樣性

地球環境不斷地在變動，生物的遺傳基因由簡而繁、物種的種類由少而多，每一個體均在生態系中扮演不同功能的角色，而能讓地球上的生物即使面臨環境變動時亦足以應付、復原，使代代延續生存。

生物多樣性的三個層級

生物多樣性指的是地球上所有生物以及其生存的環境皆應存續，不論族群多寡強弱，均有其生命價值。「生物多樣性」的概念可以遺傳、物種和生態系三個不同層面來了解生物多樣性：

●遺傳多樣性

遺傳多樣性又稱為基因多樣性，即是生物將基因的變化遺傳給下一代所展現出的不同生物特性。由於相同種類的生物才可經由交配，產生下一代而延續族群，因此遺傳多樣性是一個發生在物種族群內的多樣性。藉由父母的基因經由交配而重新排列組合，使每一個子代均具有獨特的基因組合，個體之間因此存在著差異，而表現出不同的特性，例如：來自同一個家庭的兄弟姊妹，能有著不同的樣貌、個性、智能等特質。正是這些差異使得不同的個體具有不同的適應力，當環境有所變動時，那些具有能適應環境的特性將使該個體得以存活，並隨著繁殖遺傳讓適存的基因在族群的延續中被保存下來。由此可知，基因的多樣性能使族群具備適應環境變動的能力，對於該生物族群能否存續有著重要的意義。

●物種多樣性

物種多樣性指的是具有許多不同種類的生物。例如現在已知地球上的生物包括有細菌、真菌、植物及動物，細分之又分別具有許多種類。單以動物中的昆蟲而言，就有能在天空飛行的蝴蝶、蜻蜓；只能在地上活動的螞蟻、跳蚤；以及喜歡棲息在樹幹上的獨角仙、鍬形蟲…等各式各樣五花八門的種類。

這些不同的生物種類因各自有其合適的生存環境、食物種類及繁殖條件，使其在生態系中均有各自扮演的角色與不可或缺的作用，稱為物種的「生態棲位」。例如有些生物吃草、有些生物吃小蟲，又如有些生物棲息在樹蔭下，有些生物則活動於草叢間等，這些生物在生態系中以取食、競爭、合作等互動關係相互依存，因此每種生物對整個生態系而言，都有不可取代的重要性，都應占有一席之地。當某一生物種類的消失，輕則造成食物鏈的波動，嚴重的甚至會造成整個生態系失衡。相對地，若物種愈多樣，類似的角色也就愈多，當某一個種類不得已消失的話，還有機會由其他生態棲位相近的生物種類取代其角

色，減低對食物鏈或整體生物生存的衝擊。此外，物種多樣性可使消費者的食物來源較廣，當有較多不同取食對象時，便能緩和同一生物族群因快速被捕食而數量驟減、繁衍不及的壓力。

● 生態系多樣性

地球由於接受太陽的輻射隨地球旋轉的傾斜角度不同而有差異，進而造成各地降雨、日照、氣候的差異，加上地表上多樣的地形樣貌，孕育了多種不同的生態系，包括陸域的雨林、沙漠、草原及森林等；和水域的海洋、湖泊、河川及沼澤等生態系。不同的環境條件形成不同的生態系，不同的生態系中生存著不同的生物，這些存在於不同環境條件下的生物，反映出生物對環境條件需求的差異，以及具有不同的適應能力。例如獅子、斑馬等大型動物能生存於草原生態系中，但於沙漠生態系則無法生存；而沙漠中有駱駝、蜥蜴等耐乾旱動物生存，牠們同樣也難以在寒冷的冰原生存。讓地球上的生態系維持著多樣性，才能供給不同的生物生存所需的環境資源。

生物多樣性為什麼重要？

當生物在遺傳、物種及生態系上能有健全的生物多樣性存在，才能保障生態系的正常運作，維護地球上所有生命存續。但是，各種天然與人為的因素，都讓地球環境不斷地在變動，要維持地球上原有的生物多樣性並不容易。以遺傳多樣性來說，任何生物的滅絕都代表著基因的消失，且不能回復，從此便失去具有此種基因表現的生物，這不僅讓所有生物再無機會取得此基因特性、從此失去了該基因特殊的生存能力，更遑論提供人類研究和利用。因此現今為了保存生物的遺傳多樣性，已建立了「基因庫」的概念，先將不同的生物個體或組織收集保存起來，以保存個體中的遺傳資源。例如種子庫的建立，即是以收集植物的種子或其他組織，來保存植物遺傳基因的多樣性。

生物多樣性不僅能提供人類生存的糧食、空間，亦能提供美感經驗以及教育、醫療等利用，因此人類試圖以保育行動來維護生物的多樣性。就以物種保育來說，人類劃分生物的保護區，一方面保護生物本身，另一方面則能保護其所棲息的環境空間和資源。然而，人為的復育往往不及人為破壞來得快，加上長久以來人類過度消耗破壞大自然而加速環境的變遷，正是因為人類的復育成效有限，為了永續生存，更應減少對環境的介入，如土地開發、打獵、燒毀森林、增加環境污染物等，才能減輕自然環境的負擔，減低對生物的威脅。例如砍伐焚燬森林或填平濕地來興建工廠或樓房，或是改為均一的農田景象等，均使生態系多樣性逐漸降低，許多生物因此消失。

生物多樣性的意義

遺傳多樣性　多樣基因的存在能使族群保有多種不同特性的生物個體，以應付在不同的環境變動時，族群仍可適應存續。

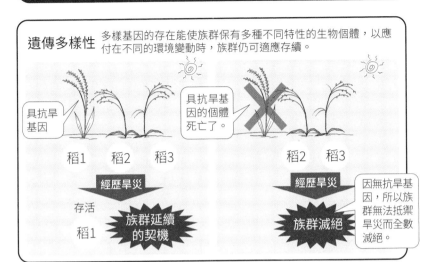

具抗旱基因

具抗旱基因的個體死亡了。

稻1　稻2　稻3　　　　　稻2　稻3

經歷旱災　　　　　　　經歷旱災

存活

稻1

族群延續的契機　　　　族群滅絕

因無抗旱基因，所以族群無法抵禦旱災而全數滅絕。

物種多樣性　維持生物種類的多樣性，使生態系中的生物能在食物供需、競爭或合作的互動下，維持著穩定、平衡的共存關係，減少生態系的動盪。

生態系中具有多種生產者，可減輕單一生產者被取食殆盡的壓力。

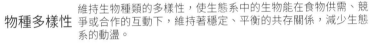

三種生產者　　　　　僅一種生產者

生產者1　　　　　　　　　馬

生產者2　　　　　　　　　鹿

生產者3

生產者1　　　　　鹿

　　　　　　　　　　馬

馬和鹿都僅有此食物來源，生產者被取食的壓力大。

生態系多樣性　多樣的生態系具有多種的環境條件，包括不同的氣候、雨量及土壤等，才能供養不同生存需求的生物。

生物對環境資源的需求各有差異，不同的環境條件能棲息不同的生物。

造就

物種多樣性

生態系危機 1 食物鏈的破壞

正常的情況下，生態系本身發生變化，或面臨外界干擾時，都有著自我修復的能力，使生態系重新達到平衡的狀態。但是人類以「人」為核心考量下的諸多活動所造成的影響，卻往往超出生態系本身的修復能力，對生態系造成永久性的傷害。

外來種對生態系的衝擊

外來種是指由外地引進的物種，原本並不存於該地區的生態系。由於生活在同一區域的生物，長時間以來已發展出一套彼此之間互相制衡的生存方式，透過此食物鏈維持養分能源不絕循環和能量傳遞。外來種侵入後，為能生存下來，會與當地的物種競爭食物、空間等所需資源，而造成原食物鏈關係的失衡，甚至改變生態系中生物的組成，或使得某些生物因此滅絕，原本制衡的關係也因遭破獲、甚至瓦解。

但現今全球各地因貿易、觀光等活動而有著頻繁的接觸，亦因此增加了生物散播至他處的機會，最常見的有透過交通運輸在無意中攜入了其他地區的生物，以及某些生物因具有利用價值而被從他地引進。前者像是交通運輸用的貨輪內，其壓艙水可能攜有淡菜、貨艙中可能夾帶老鼠、木製棧板可能有蟲卵等等，以及所運載的進出口農產品，水果中可能帶有果蠅及其他昆蟲等；後者像是非洲鳳仙花等觀賞植物的引進。這些無論是無意還是刻意被引入非原生地的外來種進入新環境時，可能因無法適應而死亡滅絕，但若一旦適應下來、持續繁衍的話，便會直接對原有的生態造成巨大影響。例如，吳郭魚是目前台灣平地河川、池塘內常見的魚種，早年由新加坡引進做為食用魚。由於其適應力強，對於水中溶氧量要求低，吳郭魚開始在台灣各式的水域中大量繁殖，耗盡水中養分，甚至捕食水中其他魚類，造成其他魚類死亡，因而破壞了該水域原本的生態系。

文明造成的毒素累積

人類現代化的過程中，許多工業活動產生了許多毒素，像是含鎘的電池、燃燒塑膠袋等垃圾所產生的戴奧辛等。這些毒素一旦排放到環境中，例如從工廠排放而出的廢水進入河川，或是燃燒垃圾後排放的廢氣進入空氣中，便經由植物的吸收、動物的飲水、呼吸等進入生物體內，再透過食物鏈的層層傳遞，累積於生物體內，造成生物長期的危害。且愈高級的消費者，透過食物鏈的累積，體內所累的毒素就愈多。例如：二〇一〇年發生的墨西哥灣漏油事件，因為鑽油台的爆炸，使得大量的原油滲漏到海中，海中的生物不僅生存環境遭受破壞，也因攝入原油而死亡，而那些取食小魚存活的海鳥、海龜或海豚等，

也會因食物來源遭受污染，而將毒素累積於體內影響生理健康，同樣地，人類也會經由攝食受污染的魚類或其他海鮮，將毒素累積於體內而影響健康。

生態系食物鏈的破壞

外來種的入侵，會破壞生態系中生物的取食關係，改變生態系的樣貌。

例 原來的食物鏈關係

水草 → 小蝦 → 小魚 → 大魚

吳郭魚入侵後

水草 → 小蝦 ✕ 小魚 ✕ 大魚 ✕

吳郭魚

吳郭魚繁殖力強、適應力佳，會捕食其他魚類和其他水中生物，而耗盡水中資源，改變生態系樣貌。

毒素會隨食物鏈累積於生物體內。

生態系危機② 生態系服務瓦解

人類的生存仰賴生態系的各項資源，像是糧食供應、原物料的使用等。但自從工業革命之後，人類過度利用生態系的資源，並製造許多有害物質等，引發多種環境問題如酸雨、臭氧層破洞、全球暖化、全球氣候變遷等，而破壞了地球上生態系的正常運作，以漸無法發揮其功能、供給生命所需。

生態系提供人類的服務

生態系能提供人類許多資源，凡舉糧食、醫藥、觀光、遊憩，無一不是取自大自然。人類從生態系中獲得的利益，稱之為生態系服務。聯合國依據管理和評估人類對生態系的需求，將生態系服務分成供給、調節、文化及支持等四項功能：

①**供給服務**：是指人類能從生態系中直接取得所需的資源，包含我們日常生活中所需的糧食如稻米、小麥，及原物料如木材、橡膠等；各樣的能源，如水力、燃料、風力、潮汐等；維繫生命所必須的飲用水，均來自生態系的提供。

②**調節服務**：生態系具有自我調節的功能，對於外在環境的影響，能夠自我調節、修復，維持原狀或穩定。像是調節氣候的功能，生態系能夠將二氧化碳透過植物行光合作用，固定在植物體內，減少大氣中二氧化碳的含量。又如水資源的調節，自降雨讓水進入土壤，透過層層土壤將水質淨化，儲存為地下水，供生物利用。而山坡地上的植被還能可以緊緊抓住土壤，免於雨水的沖刷而發生土石流，破壞環境空間。

③**文化服務**：生態系的景致提供人類超越經濟價值所能衡量的精神陶冶。自然風景不僅能提供藝術家創作的靈感，為科學家提供了研究的平台，也為一般大眾提供了休閒遊憩的好去處。近年來，更是發展出「生態旅遊」，將自然環境與休閒旅遊結合，讓人有更多的機會接觸及瞭解自然，並提升對大自然的保護意識。

④**支持服務**：是生態系服務能夠正常運作的根本，像土壤的形成就是屬於支持服務的範圍。土壤的形成，才能供植物生長、陸地生物棲息活動的空間，並間接供給人類糧食，因此此項服務對人類來說多半是間接獲得的，抑或者需要長時間才能感受其造成的影響。另外，養分的循環、水循環等也同屬於支持服務的範圍，其維持穩定的循環運作，才能支持眾多生物生存所需，以及維持環境的穩定與平衡。

生態系服務的瓦解

現今這些由生態系所提供的服務，在人類社會的快速發展，及對於大自然

生態系能為人類提供的服務

生態系服務

供應服務

生態系提供人類基本維繫生命及多項活動所需的資源。
包括：
- 維繫生命的三大要素—陽光、空氣、水
- 糧食 如稻米、小麥…
- 能源 如水力、風力…

能源

糧食

小麥田

調節服務

生態系能調節、修復環境的多種變化，以穩定人類所生存的外在環境。
例如透過土讓及微生物等共同調節淨化水資源，使其能持續供生物利用。

經過土壤的層層過濾，形成可利用的地下水資源

地下水

文化服務

生態系中的自然景致提供人類教育、研究、藝術發展等題材，以及遊憩、觀賞等文化發展之需求。
例如提供創作靈感的發想及登山、戲水等娛樂休閒之用。

支持服務

生態系提供生物生存的基本環境框架，如土壤、空氣、海洋等，使萬物得以在此基礎下滋長與活動。

土地是人類生存與活動的根基

的予取予求下，已漸漸瓦解。例如自從人類發展工業活動及社會快速地進步開始，製造了包括石化燃料、火力發電燃料等燃燒所產生的廢氣，以及各式交通工具所排放的廢氣等，這些廢氣如硫氧化物和氮氧化物等飄散至大氣中，順著降雨落下，而產生酸鹼值低於pH5.6的「酸雨」。且落入湖泊河川中，更是直接地影響水中生物的生存；除此之外，亦會造成建築物、鐵路、橋樑等的腐蝕，影響生命安全。酸雨仍於現今持續發生，而漸已成為人類生活中習以為常的「自然現象」。

此外，同樣因人類工業發展所製造供冷氣運作的冷媒，及有些工業、日常生活用品，在使用後釋放出氟氯碳化物如氟利昂等，則會破壞臭氧層而影響地球生物的生存。因為這些氣體排放至大氣中，將使其中的氯原子與臭氧層中的臭氧作用，使原先於地球外圍阻擋太陽輻射的臭氧層，逐漸減少變薄，即「臭氧層破洞」。其一旦破洞，太陽輻射便大量進入地球，尤其是紫外線，將導致生物皮膚方面的疾病，以及癌症的發生率等。

此外，燃燒石化燃料、火力發電燃料，及各式交通工具的使用，皆使溫室氣體如二氧化碳、甲烷、二氧化硫等不斷增加，加上人類濫砍能吸收大量二氧化碳的森林資源，更使得溫室氣體只增不減。原先這些溫室氣體散於地球表面的大氣層中，能吸收部分太陽的輻射而維持地球的溫度（保溫），但因現今超量的溫室氣體，致使吸收過多的輻射，造成地表的溫度不斷升高，超越了過去地球溫度的範圍，形成「溫室效應」。而隨著此效應的快速延燒，便使地球的溫度不斷升高，導致「全球暖化」引發一連串全球性的環境破壞效應，造成的危害甚至令人難以預料。

例如地球兩極的冰川會因溫度升高而逐漸溶解，導致全球海平面上升，較低窪的陸地首當其衝而淹沒，危及許多沿海城市居民的安全；而一些生存於極地的生物如北極熊，亦將因此失去棲息的空間而滅絕。此外，許多生物亦因此生理時鐘大亂，影響了生物的生存與分布，例如有些植物因此而提早開花的時間，使許多賴其生存的昆蟲繁衍時間也跟著改變，而以此昆蟲為食物來源的許多遷徙性鳥類便被迫改變其遷移的時間等。

近年來，全球暖化的影響已更為明顯，尤其是影響到全球環流的海洋及空氣而造成「全球氣候變遷」，更使得地球的生態環境受到嚴重的衝擊、災難頻傳。由此更顯地球生態系中環環相扣的生存關係，一旦生態系的正常循環遭到破壞，其對生態系的危害很可能是全面性的，甚至無法回復。

人類活動影響生態系的運作

生態系正常運作

臭氧層
具有臭氧（O_3），能阻擋大量的太陽輻射，尤其是紫外線

大氣
穩定存在著如二氧化碳（CO_2）、水氣等氣體，能吸收一些由地球反射回太空中的輻射，保持地球的溫度。

人類的大量介入

溫室效應
大量的溫室氣體吸收了更多的太陽輻射，導致地球溫度不斷上升。

降雨與空氣中硫氧化物和氮氧化物混合作用，而降下「酸雨」。

氟氯碳化物會與臭氧作用，致使臭氧層變薄（臭氧層破洞）。

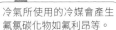

因燃燒所形成的廢氣，包括：一氧化氮（CO）、二氧化碳（CO_2）、硫氧化物如二氧化硫（SO_2）、氮氧化物如二氧化氮（NO_2）等。

冷氣所使用的冷媒會產生氟氯碳化物如氟利昂等。

溫室效應加劇，導致「全球暖化」，環境變遷

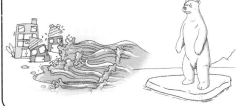

冰川融化，海水平面上升，淹沒陸地。

極地生物首當其衝，失去棲所，而危及生命。

改變生物的生理時鐘，出現異常的生理行為。

Chapter7

改變：
從演化開始

二十世紀的遺傳學和演化生物學大師多布贊斯基曾說：「失去了演化的生物學將會毫無意義。」一語點出了演化生物學的重要性。地球從遍布火山、熔岩、毫無生命跡象的荒蕪環境逐漸變成現今繽紛多彩的生物世界，正是演化的動力使然。十九世紀，達爾文提出了震撼當時學界的演化論以降，生物會改變逐漸廣為人知，也被科學實驗證實，後世的生物學家們更是利用族群遺傳學的觀念建構演化可能發生的模型，也嘗試利用分子生物學的技術驗證演化發生的過程，逐步還原出數億年間地球上生物曾經歷過的改變過程，以證實演化力確實存在，且從未停歇。

學習重點

∙∙∙∙∙∙∙∙∙∙∙∙∙∙∙∙∙∙∙∙∙∙∙∙∙∙∙∙∙∙∙∙∙∙∙

- 達爾文的「適者生存」和拉馬克的「用進廢退」有何不同？
- 達爾文所提的「演化論」包含哪五項主要論點？
- 「突變」和「天擇」在演化中扮演了什麼角色？
- 遺傳基因會對族群的基因結構造成什麼影響？
- 族群的基因結構會受到哪些因素的影響？
- 自然環境中的「新物種」是如形成的呢？

生物演化的基礎理論

地球在四十六億年前生成時毫無生物，直到約三十五億年前才出現第一個生命，爾後才陸續出現形形色色的生物。雖然古人早有生物會隨著時間改變的想法，科學家亦試圖提出了不同的演化假說，但直至十九世紀達爾文從族群的整體改變所提出的「演化論」，才終於成為現今學界普遍接受的概念。

神的雙手「創造說」

　　古代的人們面對難以解釋的問題時，往往會發揮想像力將其視為受到神祕力量的主宰，在尋求生命的起源時也是如此。在西方的宗教觀念中，萬物是由上帝創造，並打了一個人類生存的世界—「伊甸園」，並創造出亞當和夏娃做為人類的祖先。在東方的神話中，世界萬物如山川湖海、飛禽走獸皆是經盤古開天闢地後以其身軀化成的，再由女媧隨手用身邊的泥土捏出人類。到了希臘、羅馬時代，開始有哲學家質疑神話的正確性，提出生物會改變或源自共同祖先等類似演化的觀點，卻都因無法提出具體的證據，而只處於討論的階段。

拉馬克與「用進廢退說」

　　直到十九世紀，雖然拉馬克並不是第一個提到「生物會改變」這概念的人，但卻是第一個藉由化石的觀察以科學性假說，提出完整的生物改變過程的學者。他在一八〇九年出版的《動物哲學》中提到了他的演化假說，其中包含了「獲得性遺傳」和「用進廢退」兩部分。獲得性遺傳指的是後天所獲得的性狀可以遺傳給下一代，舉例而言，如果父母是賽跑選手，練就了強健的腿部肌肉，此強健肌肉可以經由遺傳給下一代；而用進廢退則是指個體的性狀會在一代代遺傳之間，因為使用的狀況而逐漸強化或退化，例如拉馬克認為，長頸鹿的脖子長度原本和羚羊的差不多，但因為要吃長在高樹上的葉子而需要不斷地伸長脖子，在代代遺傳之下強化了長脖子的性狀，因此脖子也就愈長愈長，最後所有的長頸鹿都長成了今天這樣的長脖子。

達爾文與「演化論」

　　此觀點，隨後在一八五九年達爾文的著作《物種源起》中有了不同的解釋。達爾文提到「個體差異」、「過度繁殖」、「物競天擇」和「適者生存」等觀點，來解釋生物改變的過程。他依據在小獵犬號航行途中的觀察，認為相同種類的生物因遺傳的緣故，個體間本來就存有差異，而後當過度繁殖，導致較多的個體一同競爭有限的資源時，最後只有具較高生存適應力的個體才可存留下來，此物競天擇即是驅使生物演化的動力。就以長頸鹿的例子來說，根據達爾文的演化論，長頸鹿中本來就有長脖子和短脖子等不同程度差異的個體，當族群因不斷繁殖而增加，地上的草不夠吃時，長脖子的個體因為可以吃到樹

上的葉子而存活下來，但短脖子的個體則因吃不到葉子而死亡，因此長脖子的長頸鹿便有較高的生存適應力，使今日看到的長頸鹿才會都是長脖子。而後因更多的實驗證明與新證據的發現，讓達爾文的論點更受到支持與認可，亦推翻了拉馬克「用進廢退」的說法，「演化論」於是成為現今演化學的通說。

生物演化論點的演進

創造說

希臘、羅馬時代，人們以宗教觀念猜想，地球上的萬物是由未知的神祕力量所創造，而流傳了許多無法以科學證實的神話。

1809年提出

獲得性遺傳

後天所獲得的性狀，如脖子努力拉長，會遺傳給下一代。

用進廢退說

在代代遺傳下，較常使用的性狀會強化，較不用的性狀會退化。

拉馬克

例如：

| 族群中的長頸鹿都是短脖子。 | 為了吃到樹上的樹葉而努力伸長脖子，脖子因此變長。 | 伸長的脖子遺傳給了下一代，族群變成長脖子。 |

推翻

1859年提出

演化論

個體差異
個體間因遺傳本來就具有差異。

過度繁殖
因不斷繁殖，導致過多的族群數量。

物競天擇
較多的族群數量，引起有限資源的競爭。

適者生存
競爭力強者，表示最能適應環境，最終才能存活。

達爾文

例如：

| 族群中有各種不同脖子長度的長頸鹿。 | 長脖子才可以吃到高樹上的樹葉，短脖子則死亡。 | 物競天擇、適者生存，族群中只剩長脖子。 |

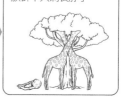

演化證據的發現

達爾文跟隨著小獵犬號環遊世界，觀察各地的生物及出土的化石，逐漸建構出演化的觀念，並於一八五九年出版了對演化生物學影響深遠的重要著作《物種起源》，奠定了生物演化概念的基礎，因此後人尊稱達爾文為「演化學之父」。

小獵犬號之旅與《物種起源》的發表

　　演化學之父達爾文在他二十二歲時（一八三一年），跟隨進行地理探勘的小獵犬號航行世界各地，歷經五年的時間。在航行的路途中，達爾文觀察各地的生物，收集標本，尤其當他途經南美洲的加拉巴哥群島時，他觀察到分布於島上的一種鳥類—雀鳥有著特殊的現象。群島中，不同小島上的雀鳥看似有著相像的外型，但卻有著形態各異的鳥喙，讓達爾文不禁懷疑和推想這些鳥應該有著相近的親屬關係，牠們極可能源自相同的祖先物種，且由同一種鳥所演化而來的。

　　當達爾文結束航行回到英國後，整理著在小獵犬號上的觀察報告時，他讀到馬爾薩斯所著的《人口論》，當中提及：「人口的成長速度比糧食的增加速度來得快，這樣的結果將會導致飢荒。」，此觀點啟發了達爾文對生物演化的聯想，認為這樣的情形不只是會發生在人類身上，而是所有的生物都應該會面臨糧食不足所形成的生存競爭，淘汰對環境適應力差的生物個體。

　　達爾文花了二十多年的時間收集演化相關的證據，雖然在一八四四年已寫下了第一篇關於演化論的短文，卻因擔憂與當下宗教觀念相互牴觸，恐遭社會批判、引發爭議而遲遲未發表。

　　而後於一八五八年，達爾文因收到自然學家華萊士的信，堅定了他對生物演化觀點的信心。華萊士是一位在馬來半島進行生物研究的年輕學者，他在信中提及自己對當地生物的觀察，以及對演化和天擇的看法，其觀點竟與達爾文不謀而合，因此讓達爾文在讀完信後決定即刻公開發表他先前所完成的短文和華萊士的來信，而達爾文所著的《物種起源》一書，闡述了最重要的演化論內容，也在隨後一八五九年發行。

演化論的五項論點

　　達爾文藉生物探勘而提出的演化論主要包含了五個論點：第一，「演化」即是指生物的特徵會隨著時間而改變。例如發現草原上有許多巨型動物的化石，但現今草原上卻只剩下與化石形態迥異的小型動物，顯示這些小動物很可能是由過去此巨型動物演變而來。第二，達爾文觀察到加拉巴哥群島上的雀鳥雖然有著各異的鳥喙，但將個體相較於整體的形態特徵來看，可推想這些鳥應該是由同一的

祖先物種演變而來。再擴大推想，地球上的所有生物很可能都是由一個共同祖先物種逐漸演變出不同形態特徵的各種物種，因此所有的生物應該都同在一巨大的演化樹上。第三，由於在自然環境中，因生存壓力而淘汰不能適應環境的個體，並產生適者形態上的改變是需要長時間的，因此演化是緩慢漸進且長時間的過程，並非劇烈、短時間的快速變化。第四，演化的發生應該是在不同形態特徵的個體占族群總體比例的變化，而不是指發生在生物個體本身的變化，例如長頸鹿的族群中原本有短、中、長脖子三種不同形態，各占比例是1：1：1，演化的發生是使這三種形態在族群中的占比改變，可能是長脖子所占的數量愈來愈多，使三種形態占比變成1：1：5，而不是指短脖子都變成長脖子。第五，「天擇」是造成演化改變的力量，其透過族群中的個體在生存和繁殖能力上所具有的差異，來改變這些不同適應力的個體於族群中所占的比例。例如在天擇的作用下，短脖子的長頸鹿因吃不到高樹上的葉子而無法存活，族群中短脖子的長頸鹿繁殖量就會愈來愈少，使得短脖子的長頸鹿在族群中比例愈來愈低，而能吃到葉子、適應力佳的長脖子長頸鹿占比則會愈來愈高。

　　達爾文固然在《物種起源》中定義了生物演化的基本原理，但仍無法解釋其中存在的遺傳現象如何作用，如族群中為何會存在個體差異？天擇中獲得青睞的性狀又是如何代代傳下去？這些問題在孟德爾提出遺傳定律，且遺傳學快速發展後，逐漸獲得解答。

達爾文提出的演化論點

論點 ①
生物的特徵會隨著時間而改變，即為「演化」。

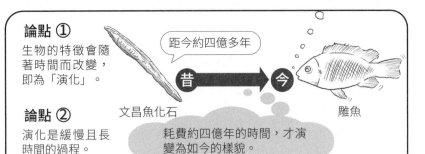

距今約四億多年

昔 → 今

文昌魚化石　　　　　　　　　　鯛魚

論點 ②
演化是緩慢且長時間的過程。

耗費約四億年的時間，才演變為如今的樣貌。

論點 ③
地球上的所有生物應該都是演化自同一個祖先物種，而同在一巨大的演化樹上。

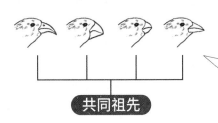

共同祖先

這些鳥即使如今都具有不同形態的鳥喙，但可能都是由同一種鳥逐漸演變而來。

論點 ④
演化是發生在不同形態特徵的個體占族群總體比例的變化。

論點 ⑤
「天擇」是演化的作用力，能依據族群中的個體在繁殖力上的差異，改變這些個體在族群中所占的比例。

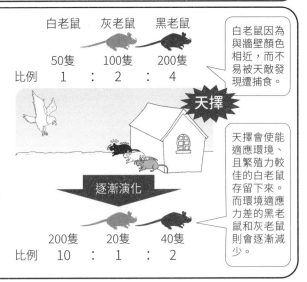

	白老鼠	灰老鼠	黑老鼠
	50隻	100隻	200隻
比例	1	2	4

天擇

逐漸演化

	200隻	20隻	40隻
比例	10	1	2

白老鼠因為與牆壁顏色相近，而不易被天敵發現遭捕食。

天擇會使能適應環境、且繁殖力較佳的白老鼠存留下來。而環境適應力差的黑老鼠和灰老鼠則會逐漸減少。

突變與有性生殖

生物族群之所以會演化，前提在於族群中需存有個體差異。個體差異的形成來自於透過有性生殖讓遺傳物質重新組合，以及基因突變注入新的遺傳訊息。族群中的個體藉由基因突變及有性生殖重新組合遺傳物質，以加快累積族群中具有差異性狀的個體，使族群保有面臨不同環境的適應力。

演化的前提──個體差異

在遺傳學中提到，生物展現出來的性狀（稱為表現型）是由生物體內的遺傳物質、也就是存在於細胞核中的基因（DNA）所決定。在生物繁殖的過程中親代會經過數次的細胞複製、分裂，細胞核內的DNA在此過程中跟著一起複製、分裂，親代即是透過細胞複製自己的DNA，再分裂傳入子代中，讓子代具有親代的DNA。然而，具有親代的DNA之外，唯有改變既有的DNA序列組成，才能改變後代所表現出的性狀，使族群中出現不同性狀的個體。改變DNA序列的方式，一種是重組既有基因、另一種則是產生新的基因。前者是指以有性生殖的方式將一半來自父親、一半來自母親的遺傳物質重新組合成親代的基因，產下不同性狀組合的子代，形成個體間的差異。後者則是因既有的基因發生變異，也就是基因突變使然。

基因突變

基因突變是指族群中個體原來沒有的基因，因繁殖過程中未正確複製基因序列，而變異成為新的基因。生物體複製DNA過程中可能出現的錯誤，包括了多插入或缺失了一個鹼基（DNA分子具有A、T、C、G四種鹼基）和一個片段（三個鹼基為一片段）的鹼基，或是鹼基排列的前後順序顛倒等，這些DNA序列的改變都稱為突變。這些突變的基因便可能再經由生殖遺傳而傳給子代、以及子代的子代…等。例如根據研究，人類具有三億個鹼基對，體內進行複製時，即使歷經相當精細的配對工作，如此龐大的數量仍有可能發生錯誤，且經證實發現每兩個人平均每一到兩千個鹼基對中就有一個核苷酸具有差異，這正是每個人具有不同性狀表現的原因之一。

有性生殖加快提升個體差異

有性生殖的過程中，親代的生殖母細胞會於體內發生DNA的連鎖重組（參見P120），使得同源染色體上的基因彼此交換，改變染色體上原有的基因組合，再透過雌雄交配，結合帶有不同基因組合的雌雄配子，使基因又再次經過重新組合後，才傳至子代中。因此透過有性生殖中染色體的重組置換以及雌雄配子的重新組合，子代不僅能與親代有所差異，所有的子代也能具有不同的基因組

合而呈現不同的表現型。在基因突變和基因重組兩者運作下，族群中才會形成多樣化的遺傳基因，並且再透過有性生殖使具有差異性狀的個體數快速增加，如此一來，當族群面對不同環境壓力時，才能有足以因應的子代存活，提高族群整體的適應力。

info 無性生殖的生物環境適應力較差

相對於有性生殖，無性生殖所產下的子代其遺傳物質直接源自單一的親代，子代的性狀會與親代完全相同，每一個體都會具有相同的表現型。因此即便個體產生了突變，其突變只能直接地傳給產下的子代。假若某一性狀能適應環境，具此性狀的個體就能存活，使族群得以存續。但若某一突變性狀無法適應環境，那麼具有此性狀的所有個體便都會受到影響，甚至重創族群的存續。

達爾文提出的演化論點

形成原因❶

有性生殖

繁殖過程即會出現兩次基因重組，使子代具有不同的基因組合。

形成原因❷

基因突變

原族群中個體在複製（DNA）序列的過程中出現錯誤。

例 在序列中缺漏了某項鹼基、多插入了鹼基、以及鹼基的排列順序顛倒。

第一次基因重組

精、卵生殖細胞形成之前，父方或母方是雙倍體、或多倍體染色體，都會先將兩條、或多條染色體的上基因彼此交換重組過。

例 人類繁殖過程，父方的雙倍染色體和母方的雙倍染色體在形成精、卵細胞前，兩股染色體會先交換基因，形成新的組合。

新增變異加入 族群中出現具有變異基因的個體。

> 精細胞中的染色體

> 卵細胞中的染色體

第二次基因重組

有性生殖必須有兩性配子的結合，即取父方一半的基因和母方一半的基因，結合成子代的基因，成為再一次的基因組合。

例 六指（多指症）的父方基因型為Aa，同樣為六指的母方基因型為Aa，生下的子代若取父方的a基因和母方的a基因，基因型即為aa，具有五指的特徵。

增加族群中具有變異基因的個體，強化族群對不同環境的適應力。

父方（Aa）　　　母方（Aa）　　　小孩（aa）

造成演化的力量──天擇

天擇是在演化中推動族群改變的力量。族群中不同性狀的個體對環境的適應力亦不同，透過適應力弱者會遭自然淘汰的過程，會改變不同性狀的個體在族群中的數量占比，以此推動演化形成。因此，當族群處於不同的環境狀態，便會形成不同的天擇條件，族群的演化結果也會有所不同。

什麼是天擇

　　形成演化的前提除了生物本身需有變異的基因和透過可重組基因的有性生殖過程，還需動力才足以改變族群，其中最重要的力量就是「天擇」。在達爾文的演化論中提到的「生存競爭、適者生存」，可說是天擇的最佳注解。由於資源有限，同族群的生物為了生存而必須彼此競爭，在族群中延續愈久的性狀就是天擇之下的勝利者。

　　天擇取決於族群中個體的適應力，具高適應力的個體其繁殖成效佳，例如個體的可生殖期較長、繁衍速度較快、雄性個體可產下的後代多，或雌性可產下的後代多，在眾多的後代中就愈能提高下一子代中對環境具有較高適應力的個體數量。再藉由一代代的繁衍過程，不斷地提高此類表現型的個體在族群中的數量比例，如此才有機會讓族群成為天擇作用下的贏家。在長期天擇競爭下，繁殖成效佳者存留下來的機率增高，而繁殖成效差者則因存留機率低而被淘汰，藉此改變族群中不同表現型個體的比例，促成生物的演化。

天擇的各種機制

　　生物學家根據實驗和自然生態觀察，將天擇對演化結果的影響，依據其作用力的傾向分為以下三種不同的機制：

- **方向性天擇** 在天擇的過程中，有時會出現某一特定性狀持續受到青睞的情形，這也是最常見的天擇機制。在這種情況之下，即使一開始受到青睞的性狀在族群中的基因頻率很低，也會隨著代代繁殖過程逐漸增加，直到族群中該種性狀占有絕大多數。

　　例如一種在英國曼徹斯特的蛾類─胡椒蛾，其有黑色和白色兩種。原本白蛾數量較黑蛾多，但隨著工業發展，空氣污染變得嚴重，環境逐漸變成有利黑蛾隱身其中，不易被捕食；相較之下，白蛾在灰黑的空氣中變得容易被天敵發現而逐漸變少，因此黑蛾數量在族群中所占的比例愈來愈高。

- **穩定性天擇** 有時候在族群中適應力最高的往往不是極端的性狀特徵，而是表現型的中間型較具穩定的生存競爭力，天擇似乎傾向將族群的中間型保留下來。

　　最有名的例子就是人類血紅素的突變，這種突變的基因會使得血紅素失去氧氣

運送的能力。如果人類帶有兩套突變基因（bb，稱為同型合子），即患有鐮刀型貧血，有此基因的人紅血球的運氧能力極低，在族群中的適應力最差。但若是帶有一突變基因、一正常基因（Bb，稱為異型合子）的地中海型貧血患者，在一般平常的生活中，突變基因對於個體存活的影響並不嚴重，一旦發生瘧疾卻可因突變的紅血球無法提供瘧疾原蟲生長，反而能使這些人不易得到瘧疾。因此在非洲等瘧疾盛行的地方具有異型合子的個體，其適應力反而高於具有兩套基因都正常（BB）或都異常（bb）的同型合子個體。

● **分歧性天擇** 有時候在族群中受到青睞的表現型並不侷限於單一種，而是傾向族群中較為極端的特徵演化，形成分歧發展的情形。造成分歧性天擇的原因多是因為這種生物的表現型中，具極端表現型的兩種個體在生態系中各有其專屬的生態區位，並且同樣具有較高的適應力。

例如在非洲當地常見的黑腹碎籽雀的嘴型有大嘴及小嘴兩種，但中型嘴卻很罕見，在族群中占的比例很低。其原因在於，大、小兩種嘴型都有其適合可取食的食物，大嘴可以吃較堅硬的果實，小嘴則吃比較軟的果實，在生態系中有專屬的區位；然而中型嘴既不利取得堅硬的果實、也不利於取食軟的果實，因此適應力在族群中較大、小嘴為低，在天擇的作用下於族群中的數量占比也就愈來愈少。

---

info　以微生物驗證族群演化

在自然界中，演化多是溫和且緩慢過程，短時間的觀察難以看出族群的顯著改變。因此在證實天擇造成演化、以及觀察天擇如何影響演化時，生物學家會在實驗室中使用生命週期短、世代更替快速的微生物或昆蟲進行演化相關的實驗，以利在短時間之內觀察到族群的變化；或者在一段期間內觀察環境變遷之下所造成的生態變化。

天擇的機制

個體差異是演化的先決條件

例 當環境改變且較符合白老鼠生存，白老鼠的數量便逐漸增加。而黑老鼠和灰老鼠則漸因不適生存而死亡，數量減少。

方向型天擇 族群往往朝向某一特定性狀的方向演化。

例 在英國曼徹斯特的胡椒蛾有黑色和白色兩種，在空氣污染的環境下，數量的演變。

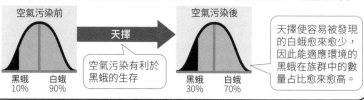

天擇使容易被發現的白蛾愈來愈少，因此能適應環境的黑蛾在族群中的數量占比愈來愈高。

穩定型天擇 族群往往朝向中間的表現型演化，而非極端的表現型。

例 在瘧疾盛行的地區，患有地中海型貧血症的人(基因型Bb)要比正常人(BB)和鐮刀型貧血症者(bb)適應力佳。

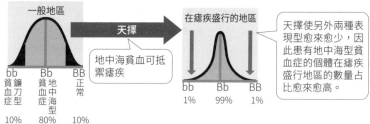

天擇使另外兩種表現型愈來愈少，因此患有地中海型貧血症的個體在瘧疾盛行地區的數量占比愈來愈高。

分歧型天擇 族群有時候也會朝向極端的表現型演化，形成分歧的發展。

例 同種鳥類間的嘴形差異，會區分出各自專屬的生態棲位，視環境提供的資源，對於不同表型將有不同的傾向。

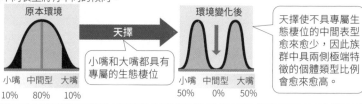

天擇使不具專屬生態棲位的中間表型愈來愈少，因此族群中具兩側極端特徵的個體類型比例會愈來愈高。

遺傳理論驗證演化的事實

在自然情形下，演化現象很難在一兩個世代的短期間內察覺。將哈溫定律所提出的維持理想族群必須具有環境不會改變的條件，與自然環境下族群的實際情況對照，可反映出自然族群變動的因素，進而做為探究演化的參考。

遺傳理論補強了演化觀點

　　生物本身具有有性生殖的遺傳能力，可說是生物演化的基本條件，藉由遺傳，親代才能將性狀傳遞到下一代、使該基因留存於族群中。但早在一八五九年達爾文發表演化論時，科學界尚未了解遺傳的機制，因此無法完整解釋演化的現象。雖然達爾文曾在一八六五年以「泛生論」試圖解釋遺傳的機制，但其論點很快地便被達爾文的表親高登透過實驗推翻，使遺傳之謎一直懸而未解。

　　其實，就在達爾文發表演化論後沒幾年，孟德爾就在捷克的修道院中利用豌豆進行實驗，得出了古典遺傳學中最重要的「孟德爾遺傳定律」（參見P118），並在一八六五年發表，可惜當時科學界並未注意到。直到一九〇〇年三位來自不同國家的植物學者荷蘭的德弗里斯、德國的柯倫斯和奧地利的謝馬克，分別在各自的實驗中重現孟德爾遺傳定律，才使得孟德爾的遺傳定律再度受到重視，此時離達爾文過世已近二十年。透過後代科學家再整理歸納達爾文的著作，援引孟德爾的遺傳理論做為支撐，使演化論因此更讓人信服。

哈溫平衡能推論族群的基因結構

　　但孟德爾的遺傳定律雖然可以解釋遺傳現象如何發生，但仍沒有說明遺傳與族群基因結構的關係，直到哈溫平衡被提出，才對此有了進一步的了解。

　　哈溫平衡是英國數學家哈蒂所提出，源起於孟德爾的遺傳定律再度被發現之後，遺傳學界對短指症理論上應有的病例數量和實際數量差異的探討。短指症是一個顯性遺傳疾病（B），根據孟德爾的遺傳定律，一個人若有兩個顯性基因（BB），其表現型就是短指症；如果兩個基因中一個是顯性的短指基因，另一個是正常的隱性基因（Bb），其表現型同樣也會是短指症；只有在兩個基因都是隱性（bb）的正常基因時，表現型才會是正常的手指。就理論而言，經過幾個世代後患有短指症的人和正常手指者的比例應該是三：一，也就是說應該有四分之三的人都患有短指症，然而實際上患有短指症的人數並沒有這麼多。

　　這個討論引起了哈蒂的注意，他嘗試依據遺傳學的觀念，依各基因型實際在族群中出現的頻率推算族群下個世代的基因結構。其假設A是一顯性基因，a是一隱性基因，且A的頻率是p，a的頻率是q，產下的子代中會出現AA、Aa和aa三種基因組合的形式，並推論族群中三種基因組合出現的頻率為$p^2：2pq：q^2$。

若每一個基因型均以此固定的頻率來推算下一代的基因頻率，族群的基因結構會是固定不變，且不會隨著代代繁衍而有所改變。哈蒂將此視為理想中的平衡狀態，稱為哈溫平衡、或哈溫定律。（此論點因由哈蒂和溫伯格個別提出，後人因此合稱為哈溫平衡。）

而且哈溫平衡進一步假設p+q=1，及$p^2+2pq+q^2=1$，來推算整體族群中每個基因型的出現頻率，例如若已知某族群A的頻率為0.1，那麼a的頻率即為0.9（1－0.1），便可計算出AA的頻率是0.01（AA＝p^2＝0.12），aa的頻率是0.81（aa＝q^2＝0.92），Aa的頻率即為0.18（Aa＝2pq＝1－〔$(0.1)^2$＋$(0.9)^2$〕＝0.18）。由此便可推算出，只有在顯性的短指症基因（A）出現的頻率為0.5時，患有短指症（包括AA和Aa兩組基因型）的人數才會多達四分之三。

而孟德爾遺傳定律是假定AA（短指症）和aa（正常指）在族群中出現的比率為1：1，才會算出有四分之三的人具有短指症。但實際上具有AA短指症基因型的人並不多，和具有正常手指的人相比，兩者比例並非為1：1，因此短指症的實際人數不可能佔有四分之三之多。哈溫平衡的觀點考量了族群中各基因型的實際佔比，從已知的基因型出現的頻率推論出其他基因型於族群中出現的頻率，進而了解遺傳基因在整體族群中不同表現型的佔比。

哈溫平衡肯定生物演化的存在

哈溫平衡所指的是一個基因結構固定不變的理想族群，此理想族群要代代繁衍、且不改變族群的基因結構，就必須排除自然狀態下可能造成族群基因結構變動的因素，包括了：①**不會基因突變**：基因突變可能會使得A突變成為a，如此一來各種基因型的頻率會逐漸偏離，一旦A變成a，AA的數量會不斷變少，aa的數量則逐漸增加。②**沒有天擇**：天擇會讓各種基因型的繁殖能力因存活競爭而出現差異，使得每一組基因型在下一代中的出現頻率改變，如果在族群中A比a更受天擇的青睞，則下一代中AA的數量便會增加，aa則會減少。③**族群無限大**：維持族群內個體的數量無限多可以減少交配時隨機的基因組合造成族群基因結構的變化；相反地，若族群過小，族群的基因結構就很容易受到隨機機率的影響而改變。④**隨機交配**：這是哈溫平衡中的基礎假設，目的在使交配後各種表現型出現的頻率，即相當於各基因型配對後基因組型態的出現頻率。⑤**沒有族群流動**：若有其他族群的個體遷入族群中，由於每一族群的基因結構都可能存有差異，遷入的個體其基因結構亦可能有所不同，一旦遷入族群中，勢必會影響族群內原本的基因結構。

哈溫平衡提出的理想族群只可能出現於排除了這五大影響因素的前提下，而所援引的影響因素正好說明了現實中的自然環境往往會受到基因突變、環境變動等天擇、生物個體繁殖力、遷移能力…等影響，使族群中不同表現型的個體出現消長。哈蒂所述及的不理想的自然情況正好與生物演化的觀點不謀而合，在遺傳理論和演化理論相輔相成下，二者都能有進一步的開展。

遺傳基因對族群基因結構的影響

孟德爾的遺傳理論

子代基因的組合型態，取決於親代具有什麼樣的基因。

親代
兩個個體結合，取一個A和一個a

AA ✕ aa

下一代
均為Aa的組合

Aa　Aa　Aa

下下一代

AA	:	Aa	:	aa
顯性		顯性		隱性
1	:	2	:	1

顯性：隱性＝3：1

> 遺傳理論未說明基因如何影響整體族群的基因結構

哈溫平衡

以遺傳理論為基礎，利用數學計算出個別性狀的基因型在族群中的占比。

依據遺傳理論，所有的基因型態可分為 AA、Aa和aa。

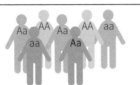

假設 顯性基因A在族群中出現的頻率為p
　　 隱性基因a在族群中出現的頻率為q

那麼 三種基因型態出現的頻率為：
　　 AA ： Aa ： aa
　　 → p^2 ： $2pq$ ： q^2

又　 將整體族群視為整體1的話
　　 →p+q=1且$p^2+2pq+q^2=1$

將已知的基因型頻率帶入公式，即可計算出族群中每種基因型態的出現頻率。

例 驗證短指症（AA和Aa）的實際為何與理論有差距。理論上短指症患者應有3/4，但實際上較少。推算A出現的頻率多少時，短指症患者才會達到3/4（0.75）。

計算方式

短指症為3/4 → AA+Aa=0.75
正常指為1/4 → aa=0.25
aa=q^2=0.25→a=q=0.5
又p+q=1, p=1-q=0.5=A
驗算 AA：Aa：aa ＝p^2：$2pq$：q^2
　　　　　　　　＝0.5^2：（2×0.5×0.5）：0.5^2
　　　　　　　　＝0.25：0.5：0.25
　　 (AA+Aa)：aa ＝0.75：0.25
　　　　　　　　＝3/4：1/4

結果 當族群中顯性基因A的頻率為0.5時，才會有3/4的人口患有短指症。但實際上有此基因型者並沒有這麼多，所以患短指症的人數沒有理論上多。

只有在族群未受以下各種狀態影響，經代代繁衍後的族群才可能出現AA：Aa：AA＝1：2：1的基因型頻率：

- 沒有基因突變的現象
- 沒有天擇發生
- 族群無限大
- 族群中的個體能隨機交配
- 族群間具有基因流動

> 自然狀態下不可能有此條件。因此哈蒂稱此為理想族群。

推論出

族群基因結構的其他影響因素①
遺傳漂變

以整體族群來看，除了天擇之外，哈溫平衡中所提及的隨機機率、隨機交配、基因流動等，都是影響族群中哪些基因會被傳至子代而存續下來的因素。以隨機機率而言，其無法預測、也沒有一定的變化方向，但結果卻可能造成族群基因結構的大改變，某些基因可能因而被凸顯，某種基因亦可能完全消失。

演化過程如何受隨機影響

有性生殖的基因重組過程中，子代會組合為何種基因型態，實際上取決於隨機機率。例如一對雙親的基因型是AA與Aa，他們生下一個基因型AA孩子的機率是1/2，而生下兩個基因型都是AA孩子的機率就會是1/4（1/2×1/2）。然而亦可看出，假若其子代的基因型均為AA而沒有Aa的話，a便會在此代中完全消失，因此當生出AA小孩的機率1/2時，同時也表示a在這一代繁殖過程中消失的機率也是1/2。同樣地，當生下兩個小孩均為AA基因型的機率為1/4時，亦等同於a消失的機率也是1/4。在隨機的遺傳過程中，某種基因型態有可能減少甚至消失，而影響整體族群中的基因結構，例如族群中a消失，僅有A。這種因隨機機率而改變族群中基因型態出現頻率的過程就稱為「遺傳漂變」。

從遺傳法則中可知兩性親代的基因型會經過基因重組後才形成子代的基因型，若要預估子代能獲得哪一種基因型的機率，就得視親代基因重組後所產生的各種基因型比例。把此現象擴充至族群來看，繁衍出的子代具有什麼樣的基因型、各基因所占的比例等，都會影響存留於整體族群中的基因結構，形成遺傳漂變的現象。由於遺傳漂變的過程受到隨機機率的影響，往哪裡變化完全隨機，並沒有固定的變化方向，所以假若時光倒轉回到過去，一樣的環境條件再重新進行生物演化，從天擇的角度來看，或許可以期待相同的演化結果，受青睞的基因型頻率增加，不受青睞的減少；但若以遺傳漂變來看，由於過程完全隨機，演化結果可能完全不同。

族群愈大受隨機機率影響愈小

要避免基因漂變在演化過程中影響族群裡的基因結構，在自然狀態下族群最好維持愈大愈好，這是因為遺傳漂變的隨機機率對大族群的影響較小族群來得低。一個族群猶如一個裝了許多色球的袋子，族群具有的基因型比例如同袋子裡所盛裝的球色比例。族群每經歷一世代的繁衍隨機組合傳給子代的基因型，就像隨機從袋子裡抽出的球色，只有隨機傳給子代的基因型和抽出的球色被保留下來，那麼，如果想要保留下來的球色與原先袋子裡球色比例趨近、甚

至相同，就必須進行愈多次的隨機抽球，留下愈多的色球才會愈接近。族群也是一樣，產下的子代所具有的基因型比例若要與上一代的基因型趨近或一樣，就要產下愈多的子代，讓子代有愈高的機會取得原先族群所具有的基因結構。

　　大族群因所能繁衍的子代數量較多，所以子代所具有的基因型比例較有機會與原先族群的比例愈相近，受遺傳漂變影響小。反之，若族群較小，所能繁衍的子代數有限（抽樣的次數少），子代的基因型比例就可能與原先族群形成差異，族群中的某些基因型在每代繁衍中丟失某種基因型的機率也相對較高。一旦族群保有的基因型太少時，便易導致族群無法適應環境的變動而衰退，可見遺傳漂變對小族群來說影響甚大。只有讓族群維持較大的數量，才能穩定基因型在族群中出現的頻率，保障族群的存續。

基因漂變對不同族群大小的影響

基因漂變 意指因為基因重組的隨機過程造成整體族群基因結構的改變。

例如：　親代AA×Aa

傳給子代的基因型機率為
1/2AA×1/2Aa

如果其子代均為AA，表示a在子代中丟失，不可能再出現。

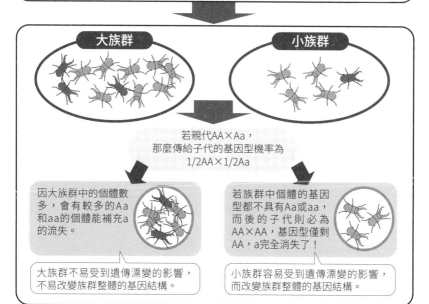

| 大族群 | 小族群 |

若親代AA×Aa，
那麼傳給子代的基因型機率為
1/2AA×1/2Aa

因大族群中的個體數多，會有較多的Aa和aa的個體能補充a的流失。

若族群中個體的基因型都不具有Aa或aa，而後的子代則必為AA×AA，基因型僅剩AA，a完全消失了！

大族群不易受到遺傳漂變的影響，不易改變族群整體的基因結構。

小族群容易受到遺傳漂變的影響，而改變族群整體的基因結構。

族群基因結構的其他影響因素②
基因流動與近親繁殖

哈溫平衡的前提是族群中個體的交配必須是隨機的，以及沒有其他族群的個體移入，但是在自然環境中，生物交配往往有特定的選擇，並非隨機。而且自然狀態下族群間個體的移動、基因相互交流的情形也普遍存在著。這些因素同樣會對族群的基因結構帶來不少的影響。

近親繁殖致使基因多樣性降低

在哈溫平衡的理想狀態中，族群不演化的兩個必要條件是隨機交配和近親繁殖。隨機交配能使族群內的基因呈現多樣性、族群整體的基因結構維持穩定。然而在自然環境中，個體會傾向和族群中有特定表現型的個體如毛色較鮮豔、體型較大者交配，此外也會有近親交配的情形，族群中雌雄性個體對某些特徵的交配選擇，便稱為「性擇」，這些行為都會造成下一代的基因結構改變。

以「近親繁殖」為例，近親繁殖是指與血緣關係相近的個體交配，例如在獅子的族群中，獅王常是族群中具有血緣關係的公獅。當獅王生下兒子後，兒子會趕走父親成為獅王，而仍有可能與自己的母親、姊妹等血緣關係相近的個體交配，產生後代。此外，植物中也常見一個極端的現象—「自體繁殖」，透過與自身的配子交配（自花授粉）產生子代，此時只會與自己的基因型產生後代，使基因型為AA的個體產下同樣具有AA的子代；一樣的情形也發生在同是同型合子AA和aa的身上，使AA後代全都是帶著AA、aa後代亦全部都是aa；而異型合子Aa也只同是異型合子Aa的個體交配，產生的後代四分之一是AA，四分之一是aa，剩下的二分之一才是異型合子Aa。如此不隨機的交配模式，經數個世代後將會導致異型合子（Aa）大量減少，而同型合子（AA和aa）的數目增加，使族群的表現型容易形成兩極化的分布，因而減低了族群中的基因多樣性，族群在面臨不同環境競爭壓力時適應力也會變得較低。

基因流動增加了基因多樣性

雖然族群中的個體難以隨機交配，但假若提高基因流動就可能改善基因多樣性下滑的情形，而減低近親繁殖帶來的族群危機。「基因流動」是指族群內持續有來自其他族群的個體遷入，而個體的移入便同時帶來了另一族群的遺傳因子，進而影響族群內的基因結構。基因流動帶來的影響包括了兩個面向：一是使族群內基因變得更為多樣。因為隨著來自其他族群的個體遷入，帶來了原本族群內不存在的遺傳因子，增加了族群內基因型的多樣性。二是降低族群間的相似度。兩族群若是基因流動愈頻繁，族群間的基因結構也會愈趨於相似。

因此與近親繁殖的不同之處在於，近親繁殖是將同一族群內逐漸區隔成兩種不同性狀，各自發展；而基因流動則是將原本兩族群藉由基因的交流，減少差異，增加了相似性，提升族群適應環境變動的能力。

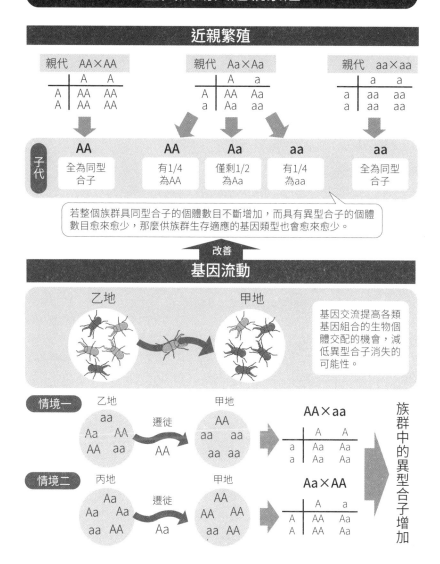

基因流動與近親繁殖

近親繁殖

親代 AA×AA	親代 Aa×Aa	親代 aa×aa

子代

AA 全為同型合子

AA 有1/4為AA　**Aa** 僅剩1/2為Aa　**aa** 有1/4為aa

aa 全為同型合子

若整個族群具同型合子的個體數目不斷增加，而具有異型合子的個體數目愈來愈少，那麼供族群生存適應的基因類型也會愈來愈少。

改善

基因流動

乙地　　　　甲地

基因交流提高各類基因組合的生物個體交配的機會，減低異型合子消失的可能性。

情境一　乙地　遷徙　甲地　AA×aa

情境二　丙地　遷徙　甲地　Aa×AA

族群中的異型合子增加

新物種如何形成

在自然環境下，即使為同一生物族群也可能在遭遇某種隔離機制後，逐漸演變成無法相互交配的不同族群，而從同一族群中分隔形成不同的物種，種化出新的物種。

新種的認定標準

科學家根據不同的原則標準，對於物種的界定提出了多種觀點，其中以「生物種」的看法最為普遍。此觀點認為的物種必須符合兩個根本原則，其一是個體能否交配或有機會交配來繁殖出同樣具有繁殖能力的子代。此外，該物種必須能反映出在族群的演化過程中，其如何逐漸喪失交配的能力或機會而形成新的物種。經過此一連串、長時間演化，與原族群物種愈來愈不同，乃至成為新物種的過程，便稱為「種化」。

隔離機制產生了新種

種化的前提是形成「隔離」。最常見的隔離起因是地理上的改變，例如高山隆起或河道阻隔，造成原本為同一族群的生物分隔兩地而成為兩個族群。被隔離的兩群生物間因為地理間隔而無法遇到彼此、進行交配，於是在兩地各自生存繁殖、適應不同的環境，並逐漸產生生殖隔離。兩個族群在各自演化之後，即使地理隔離因素消失了，或即便有個體能突破地理隔離，與另一群個體相遇，兩族群的生物仍就不會相互交配，或交配後產下的後代也不會具有生殖能力，表示這兩個族群已經成為兩個新的物種。在自然情況下，不僅是高山、河流、深谷或海洋之類的地理因素會造成隔離，族群中的個體具有不同的作息時間如日行性或夜行性、不同的動物行為或交配行為如發情、交配的時間等，甚至是生理上的隔離如個體的生殖構造不能相互配合、所具有的精卵無法結合受精，或即便能交配繁衍，但所繁殖的後代卻不具有生育能力等，都可能形成隔離而分別形成不同的新物種。

地理環境影響種化

不同的隔離機制可以發展出不同的種化模式，包括遭分隔兩地各自演化的「異域種化」、「邊域種化」，以及在同一地理區內發生的同地種化如「鄰域種化」、「同域種化」。

●**異域種化** 此種化的過程是因地理隔離如高山隆起、河流區隔造成的同一種生物被隔離成兩個以上的族群，而族群間因為地理隔離的關係少有個體的遷移，各自演化，最後產生新種。例如因為巴拿馬地峽的出現，使得許多中美洲的海洋生物被區隔分至太平洋和加勒比海中，而使兩海域中的同種生物逐漸產生生

殖隔離，種化即逐漸形成。

- **邊域種化** 是異域種化的一種特殊形式，其強調的是受地理隔離的族群並不是同等大小的，而是切分成一個大的和一個小的族群。小族群中因為個體數量少，所以在一代代的遺傳過程中，基因結構很容易受到遺傳漂變（參見P176）的影響。尤其因為小族群即是原先大族群的幾個個體切分出來的，僅擁有大族群中的一部分，因此假若切分出來的小族群，擁有的均是原本在大族群中屬於稀有的基因型，對個體數量少的小族群來說此稀有基因型則反而普遍，導致其族群特性更明顯與大族群有所區隔，便能更快地演化形成與大族群不同的種類。例如在新幾內亞島上的翠鳥是屬於同一種，且族群數量龐大，但在附近的小島上快速的獨立演化出了族群較小的新種翠鳥。

- **同域種化** 是指生活在同一區域的族群，並非受到地理隔離，卻因為某些原因而產生生殖隔離，導致無法交配，而逐漸分別演化成為新種。常見的原因為個體使用了不同的生殖策略，例如在西非的喀麥隆的一個小火山湖中具有十一種不同種的鯛魚，根據研究，這些不同種的鯛魚應該演化自相同的祖先，但他們卻能在共享的生態系統中（同一個湖中）各自演化成了不同種，雖然目前尚未釐清形成隔離的原因，但推測和其行為有關，才會造成種化。

- **鄰域種化** 此為同域種化中的一種情境，主要說明種化是源自於族群中個體的不隨機交配，個體傾向只和周圍的個體交配，因此使得彼此鄰近的個體都可以互相交配，但位於環境中最遠兩端的個體卻已經無法彼此交配，而使原先生活於同一區域的族群分別成為不同種。例如，分布在北美洲東部的橙腹擬鸝與西部的巴氏擬黃鸝（原為同一種鳥）已經演化成兩種不同的物種，但美國中部的拉斯加州上，這兩種鳥類卻仍然可以交配、產生後代，但根據研究，兩者間的交配頻率也正逐漸下降中，隔離逐漸產生，未來仍可能會種化為不同種類。

地理與生殖隔離使種化發生

| 種化 | 異域種化 | 邊域種化 |

異域種化

邊域種化

種化

原本的族群

例 海洋中原有一種槍蝦。

例 大島和周邊的小島上原本存在同一種翠鳥，大島上的翠鳥偶爾會飛到小島上。

經歷

地理隔離

巴拿馬地峽切分出兩個不同的地域。

小島的族群數量小，種化速度要大島快。

產生

經過數代

經過數代

生殖隔離

地峽兩側的槍蝦難以交流，生殖隔離逐漸形成。

小島和大島的翠鳥，遺傳結構已有差異。

形成

新種

最後兩側的槍蝦形成無法交配的不同種。

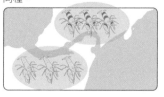

小島上的翠鳥已無法和大島上的交配，形成另一新種翠鳥。

形成無法相互交配的新物種。

同域種化	鄰域種化

例 湖中有一種雕魚。

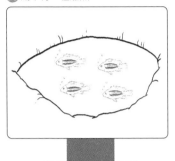

↓

族群中的個體可能因具有不同的生殖行為，而產生隔離。

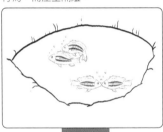

經過數代

↓

湖中的雕魚已演變出無法交配的不同種。

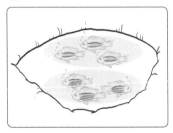

例 北美洲有一種分布廣泛的鶲鳥。

↓

在一個較大的地區範圍裡，位於較為邊界的東、西部族群因不易相遇，而個別種化。

經過數代

↓

活動於三個地區範圍的鶲鳥交流少，生殖隔離逐漸形成。

↓

東部和西部的族群已種化為不同種，但中部族群仍為能相互交配的同種鳥類。

Chapter8
生物的分類

「分類」基本上是由分類、命名、鑑定相互組成。自然界中的生物成千上萬種，乍看令人眼花撩亂，藉由分類可將秩序帶入這千變萬化的自然世界中，給予生物符合分類的適當名稱。自演化概念提出後，科學家大都認同分類必須要能呈現出生物的演化關係，才能藉此了解地球上生物的演進歷史與來龍去脈，此外，分類工作也隨著不斷進步的科學研究與發現，而有修正的必要。利用愈來愈正確的資訊，以期得到愈正確完整的知識，建立更合乎自然的生物體系。

學習重點

- 什麼是「分類」？如何進行「分類」？
- 如何為生物的命名？
- 常見的分類系統有哪些？分別以何者為依據進行分類？優缺點為何？
- 分子生物學的發展對生物分類造成什麼影響？
- 生物演化與分類有什麼關連？
- 分類學中產生了哪些爭論？最後形成什麼樣的共識？

什麼是分類

自然界中的生物種類和數量極為龐雜，若未經辨識及分類而沒有條理的話，便會因觀察與研究對象分歧，無法形成有系統的理論。良好的分類法能將相同特徵的生物歸納一處，並呈現出生物之間親疏遠近的關係，讓科學家能夠據以深入研究。

為什麼需要分類

分類，顧名思義就是將一群紛雜的事物，依據某些特質為基準分門別類，以利後續的進一步觀察與研究。古希臘時期，著名的哲學家亞里斯多德最早提出「分類」的概念與實際做法。他認為所有的學問大致可分為：一實際存在的**實踐學**，如倫理學、政治學、家政等；二理論性的**理論學**，如自然學、數學、物理學等；以及三可以想像的**創作學**，如詩學、辯證法、修辭學等。此後「分類」的概念便一直被沿用至今，從科學研究到日常生活中都不斷地進行著分類，像是人依膚色不同而分成黑人、白人等，動物也可由外部形態區分出狗、貓、鳥等生物。

生命科學係以生物為研究對象，但生物種類五花八門且難以計數，挑選研究對象猶如大海撈針，但經過生物分類後，科學家們可依據分類架構設定研究目標，從分類中擇定合適的一群生物做為研究對象，並且針對此目標做更深入的研究。因此，分類對生命科學而言便成為不可或缺的重要部分，甚至可被獨立出來成為專門研究的範疇。

分類方式的演變

分類的方法隨著研究發展而不斷改變和進步。生命科學研究中，正式的生物分類最早是由瑞典科學家林奈所提出，他於一七三五年發表《自然系統》一書提到，花的雄蕊與雌蕊構造不同，據此可做植物分類。這是首次由科學家正式提出可利用生物的「外部形態」特徵做分類，自此，其他科學家也開始依循此概念進行生物的分類，外部形態遂成為早期生物分類的主要依據。

隨著科技的發展，可做為生物分類的依據逐漸增加，也更精細。十七世紀初顯微鏡的發明與改良，讓科學家可觀察到不同物種的細胞形態，成為分類依據的重要里程碑。隨後二十世紀初，超高速離心機的出現，輔以細胞內胞器的分離技術，細胞的組成與構造也為物種的分類增添諸多參考。而近代分子技術如聚合酶鏈鎖反應技術的發明，和定序技術的長足發展等，更使DNA序列的比對資料為分類提供了精確的參考數據，甚至被視為物種間最原始與直接的分類證據。如今，生物的分類不再只是遵照單一項依據便可斷然決定，而是需透過多項依據的交叉比對，以得到能將生物明確分類的最大可能性。

分類概念的推展

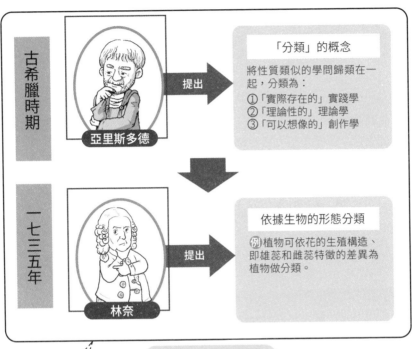

古希臘時期

亞里斯多德

提出 →

「分類」的概念

將性質類似的學問歸類在一起，分類為：
① 「實際存在的」實踐學
② 「理論性的」理論學
③ 「可以想像的」創作學

一七三五年

林奈

提出 →

依據生物的形態分類

例 植物可依花的生殖構造、即雄蕊和雌蕊特徵的差異為植物做分類。

分類依據的演變

早期	17世紀之後	20世紀之後
以肉眼觀察生物的外部形態。 →由生物的外部形態做分類。	顯微鏡、超高速離心機的發明。 →由細胞的形態、構造做分類。	聚合酶連鎖反應（PCR）技術的產生。 →由DNA序列為依據做生物的分類。

生物分類對生命科學研究的影響

- 能了解各物種間彼此的差別。
- 使科學家容易挑選研究對象。
- 使研究目標更為精確，成果更具效益。

生物的俗名和學名

萬物皆有其名，有了名字，各種生物才能在人類的認知上占有一席之地。透過有系統的分類將生物依據一致規則正式命名，科學家便可以從名字精準地對應所指的生物，避免混亂與爭議，使研究得以順利進行。

命名加強分類上的意義

生物若有系統地被分類，並結合分類的依據有系統地為不同物種命名的話，可讓生物的名字不僅能表達出所指涉的生物為何，亦能從名字了解其為分類中的哪一類群、具有哪些特徵，像是外型如何、被發現的地域、或是生存於特定的棲息地…等。因此，科學家在為某一物種命名時，會先定義物種的特徵，及其分屬的類群，以鑑定此物種在分類中的位置外，也會以相同的邏輯為該物種命名。例如，由「台灣鮭魚」一名，除了可以直接知道其為台灣特有的生物，也可知道該生物屬於魚類；而從「鹿角鍬形蟲」一名，可以聯想到該生物的外形有著如同鹿角一般的大顎。

二名法的出現終結命名的混亂

雖然科學家積極為已觀察到的生物命名，但每位科學家所處的國家不同，使用的文字和語言不一，對於生物形態特徵的看法描述也不盡相同，使得各種生物並沒有其固定且專屬的名字，而常會出現同一物種卻有諸多稱呼的情況，使研究上增添了許多負擔與不必要的混淆。

為解決此一混亂情形，林奈繼提出生物分類後，又於一七五三年在另一著作《植物種誌》中，倡議以「二名法」做為生物命名的方式，以便於學術研究之用。此法是指將生物的名字以「屬名」和「種加詞」兩部分組成，皆統一由斜體拉丁文書寫。屬名是物種分類的名詞，表示出該生物所屬的類群；種加詞則是一形容詞，用以描述此物種的特徵，指出該屬中的一個物種。以此法所創編出的名字則被訂定為「學名」，也就是生物的正式名。以人類為例，人的學名是*Homo sapiens*，其中「Homo」為人類的屬名，在拉丁文中Homo意指「人」，「sapiens」則是種加詞，形容人是「有智慧的」之意。二名法制訂的生物命名規則，不僅統一了名稱和寫法，也能讓物種和名字準確地相對應，解決了「一種多名」的混淆問題，此法一直被沿用至今。

俗名

由於全球各地的語言不同，學名有時會讓人感到不易發音或記憶，所以物種除有學名之外，仍有其他名稱，統稱為「俗名」。俗名通常只適用於某一地區或某個國家，因其未經統一，所以同一物種可能在不同地方有不同的

俗名。俗名雖無法流通於國際間，但卻能反映地方對物種的認知特色。例如
*Quadrastichus erythrinae*是一種蜂的學名，「Quadrastichus」意指其歸類的屬別，是
為屬名，「erythrinae」則描述其主要寄主是刺桐屬的植物，為種加詞。但在台灣
俗稱為刺桐釉小蜂，因為其體型非常小且身上散發釉彩般的金屬光澤，並多以
刺桐為食而得名。這樣的俗名較學名容易記憶，也可讓我們聯想到牠的生物特
徵，補充學名不足以表達、或一般人無法領會的物種特色。但因為地區不同，
刺桐釉小蜂可能會有一物多名的情況，如在大陸俗稱為刺桐姬小蜂，而易造成
混淆的情形。因此俗名和學名各有其優缺點，應相輔相成，皆有其存在的必要
性。

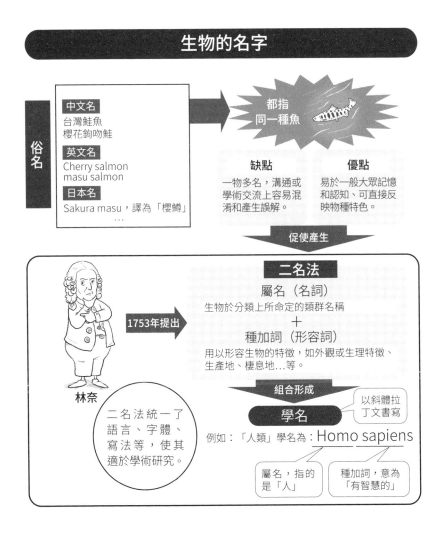

生物的名字

俗名

中文名
台灣鮭魚
櫻花鉤吻鮭

英文名
Cherry salmon
masu salmon

日本名
Sakura masu，譯為「櫻鱒」
…

都指
同一種魚

缺點
一物多名，溝通或
學術交流上容易混
淆和產生誤解。

優點
易於一般大眾記憶
和認知、可直接反
映物種特色。

促使產生

二名法

屬名（名詞）
生物於分類上所命定的類群名稱
＋
種加詞（形容詞）
用以形容生物的特徵，如外觀或生理特徵、
生產地、棲息地…等。

1753年提出

林奈

二名法統一了
語言、字體、
寫法等，使其
適於學術研究。

組合形成

學名

以斜體拉
丁文書寫

例如：「人類」學名為：Homo sapiens

屬名，指的
是「人」

種加詞，意為
「有智慧的」

常見的分類方法

從早期至今，分類方法往往會隨知識和技術的增進而不斷修改，儘管尚有未完備之處，但已足見前人在分類學上的豐碩成果。目前，生物學家傾向採用二十世紀中惠特克所提出的「五界分類系統」，而一般為人所知的「界→門→綱→目→科→屬→種」的分類階層則是十八世紀林奈所提出，至今沿用不輟。

林奈的二界說

一般生物分類上，「界」被視為分類的最高階層。一七三五年，林奈繼提出形態分類和二名法後，還簡單地依據生物的活動能力及養分攝取方式，將當時所有已知的生物分成兩個界：植物界和動物界。植物為固著性，須靠陽光製造自身所需的有機營養物，而動物則可以自由移動，並藉由攝食其他生物來獲得生長必須的養分。林奈並將「界」之下再依序分列為「門」、「綱」、「目」、「科」、「屬」、「種」等階層，例如人類從最底層向上推為智人種、人屬、人科、靈長目、哺乳綱、脊索動物門、動物界。

從林奈提出二界說後，生物學家普遍接受將生物分為植物和動物兩界。因為當時人們多利用肉眼觀察一些與生活貼近的生物，接觸到的生物大都是可以被直接觀察之下所做的分類，很少有生物無法符合兩界的歸類，因此，二界分類系統被理所當然地長期沿用至二十世紀中。

雖然早在十七世紀微生物就已被發現，不過科學家多半仍依照二界說將微生物歸於植物界中。但遇到諸如細菌因移動情形較少，被歸在植物界；而會游動且可以行吞噬作用的原生動物則被歸於動物界；又如眼蟲因為會動且不具細胞壁，被動物學家歸入動物界，但它又有葉綠體，可行光合作用，又被植物學家納入植物界…等，諸如此類的矛盾逐漸使二界分類系統出現不足之處。

微生物的發現產生五界分類系統

十七世紀初顯微鏡的發明不僅讓科學家知道微生物的存在，也了解了微生物與一般生物在細胞構造上最大的分別是沒有細胞核（即後來所稱的原核生物）。同時生化技術的進展也讓科學家發現，微生物與其他生物在營養代謝上有明顯的差異。這些單細胞生物除了可利用葉綠體產生能量外，無須透過消化管腔，也能直接分泌酵素來分解物質成為小分子，做為合成能量的來源。在了解了許多微生物獨特的特性後，二界分類系統顯然不敷生物分類的需求。

因此，惠特克在一九六九年提出「五界分類系統」，將生物重新區分為原核生物界、原生生物界、植物界、真菌界和動物界等五界。惠特克把無細胞核的生物自有細胞核的真核生物中分出，形成一個獨立的原核生物界。具細胞核且多細胞形態的真核生物則依細胞構造和獲取營養方式的不同，劃分成植物

界、動物界和真菌界。植物是靠著光合作用獲得養分；動物主要是在管腔內消化食物獲得營養；真菌則是以酵素分解後吸收營養。原生生物因大多以單細胞的形式存在，生存方式較簡單，只要攝入周邊環境的一些有機分子即可生存，因此不適合被歸類在動物、植物和真菌中，而被獨立歸為一類。

惠特克的主要貢獻是把原核（無細胞核）和真核（有細胞核）這兩種本質不同的細胞做為區辨生物營養代謝方式的基準，改良了先前較粗略的分類方法，因此獲得大部分科學家的認同，使得五界分類系統在生物學界盛行超過二十年以上。

六界分類系統隨後因應而生

二十世紀晚期，因分子生物學的發展，分類學家開始利用生物間DNA序列的差異比對不同生物類群之間的相關性，而發現一些生物的分類仍有待商榷。

科學家沃斯便率先將比對DNA分子序列所呈現出的演化關係做為分類的新依據，而提出「六界分類系統」，將生物分為古細菌界、真細菌界、原生生物界、真菌界、植物界和動物界。沃斯認為，儘管這些原本被歸類為原核生物的細菌在形態上極為相似，但透過DNA分子序列和二者生活型態的比對，應該把原核生物界再區分成古細菌界和真細菌界。古細菌界的細菌主要生存在較為極端的環境，如火山附近的溫泉、沼澤地區等；而真細菌界中的細菌一般較為常見，如大腸桿菌或金黃色葡萄球菌。此外，沃斯也依據使DNA中的遺傳訊息發揮作用的核醣體RNA在分子序列上的差別，說明這兩類生物和真核生物應是一起從共同祖先分別演化而來，讓切分兩者有了更多的依據。

三域分類系統包含了更廣的層面

透過DNA分子序列所呈現的關係，其他科學家們也發現原本被歸為原生生物界的生物，從DNA分子序列的判定和營養獲取方式考量，應被分為更多的「界」，所以在六界分類系統後，沃斯在一九九〇年又進一步在「界」上提出更廣泛的分類範疇「域」。他將目前所知物種分別歸屬在細菌域、古細菌域和真核生物域中，原本的動物、植物、真菌與原生生物等真核生物直接歸於真核生物域中，而原核生物界則區分成兩部分，分別歸於古細菌域和細菌域。於是在「三域分類系統」中，不再有「原核生物界」此一類別，因為原本原核生物界中的成員已經被重新定義，歸類至古細菌域和細菌域中了。

從早期透過肉眼觀察來區分，以及隨著科學知識的發展和儀器的進步，分類方法也不斷隨著更細微地區辨生物特徵而有所異動。在所有的分類架構中，通常是較低階層如科或屬的分類因範圍較小所以準確度較高，高階層（域、界、門等）的分類因關係龐大，因此大部分都還在持續研究中。在諸多分類法中，目前分類學家較傾向採用被使用的時間較長、體系也較為完善的五界分類系統，然而，學者們對於該分類系統中同類群生物的演化關係上仍無十足的把握。要勾勒出更完整生命體系的分類，看來仍待更多的研究進行。

常見的分類方法與演變

二界分類系統（1735年林奈提出）

十八世紀

植物界	動物界
（固著性生物）	（可移動的生物）

受到的挑戰
●多種樣貌的微生物難以歸類。
●以細胞核的有無為依據，無法區分兩者。
●微生物的營養代謝方式各有差異，難以歸於同一類。

五界分類系統（1969年惠特克提出）

二十世紀中期

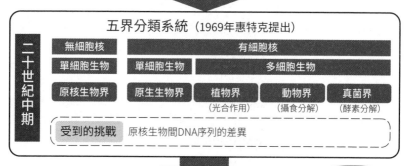

無細胞核	有細胞核		
單細胞生物	單細胞生物	多細胞生物	
原核生物界	原生生物界	植物界 （光合作用）	動物界 （攝食分解）	真菌界 （酵素分解）

受到的挑戰　原核生物間DNA序列的差異

六界分類系統（1990年沃斯提出）

二十世紀晚期～至今

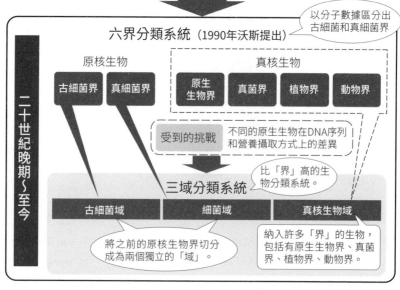

以分子數據區分出古細菌和真細菌界

原核生物

古細菌界	真細菌界

真核生物

原生生物界	真菌界	植物界	動物界

受到的挑戰　不同的原生生物在DNA序列和營養攝取方式上的差異

三域分類系統

比「界」高的生物分類系統。

古細菌域	細菌域	真核生物域

將之前的原核生物界切分成為兩個獨立的「域」。

納入許多「界」的生物，包括有原生生物界、真菌界、植物界、動物界。

分類的依據①外部形態

早期人們將肉眼直接觀察到的生物外部形態、生活環境及型態等，做為生物分類的依據，這是現今認為最傳統、簡單，且歷史最悠久的方式，而且即使在現代，這樣的傳統分類方式仍然被廣泛地應用。

用哪些外部特徵做分類

雖然科學家早已察覺到每種生物都有其特殊的外部樣貌，但這些獨特或共有的特徵如何形成，要如何區辨，以及如何成為生物分類的依據，當時的學者們各有不同的觀點。真正洞悉這些形態之間的共通與差異之處，而將最具代表性的形態做為分類依據的學者即是林奈，因此後人尊稱他為「分類學之父」。

林奈於一七三五年的《自然系統》提及，植物花蕊的形態及數量不同，而且具有繁殖功能，可以此特徵來區分植物的類別。這與當時單純取形態做分類的方式不同，林奈除了以形態做為基本的區分依據外，還將生殖遺傳的概念帶入分類中。他認為「物種」是指一群具有外形獨特性的生物實體，具有無法突變的形質（生物的形態特徵），而且是可繁殖者。因此，在選擇植物的分類形徵時，花蕊相當具有代表性。然而，當時學界盛行以花瓣數目做植物分類，所以一開始林奈的論點並不被接受，甚至反遭批判。但很快地，以生殖器官做為分類依據的觀點不斷地被證實而逐漸被認同、進而廣泛應用至形態分類中。

層層分類製成檢索表

所有生物均可從外部形態上的差異來做區分，但一種生物並非僅以單一個形態特徵就能決定在分類中的位置。例如，植物的外形特徵均顯現在根、莖、葉、花…等，以陸生植物來說，可依據莖中維管束的有無，分為有維管束或無維管束植物。另外，維管束植物中凡能產生種子的植物則可依據種子呈現的樣態，再分為種子裸露在外的裸子植物和種子包覆在子房中的被子植物。除了植物外，動物也是，動物的外部特徵顯現在手、足、骨骼、臟器…等，例如可根據脊椎的有無，將動物分為脊椎動物和無脊椎動物。而脊椎動物中，有一群動物具有羽翅和喙，並可於空中飛行，分為鳥類；另有一群具有毛髮分布於體表，且雌性個體具有乳腺可分泌乳汁，則分為哺乳類。另外，無脊椎動物中，有一群數量龐大的動物，因軀體和足具有分節的現象，被歸為節肢動物。還可再更詳細地區分，如可再依據足的對數，將節肢動物分出昆蟲、蜘蛛與甲殼類動物等。

依據物種的各種具代表性形徵進行分類，進而可發展出可供分類學家進行物種比對的「檢索表」，表中以樹枝狀結構圖層層羅列各種具代表性的形徵，

例如同屬於哺乳類的動物從樹枝結構推演可知都具有脊椎、毛髮、乳腺等共同特徵。

使用檢索表亦可將個別生物比對檢索表中的分類，將其歸類於合適的類群中。比方說辨識一棵樹時，可依據檢索表由上層至下層的特徵判定具有維管束，再從葉序為「互生」、非「對生」，不具有平行脈，且為具有一定高度的「喬木」、非「藤本植物」，並具有氣生根，層層比對之下得知這是一棵榕樹。諸如此類的方式讓分類學家可以簡單、直接地進行分類的動作。

特色與不足之處

依據外部形態的分類已可讓分類學家一目了然地區辨不同的生物，但有時因個人對於生物形態的認知差異，或是對生物多種特徵持有不同看法時，便常會有同一生物物種卻被歸屬於不同分類的情形，甚至會對於物種該歸類為何產生紛爭。再者，因為人類的肉眼辨識力有限，體型過於微小，或是形態特徵不甚明顯的物種如某些小昆蟲或微生物，常因難以觀察，而使分類受到阻礙。

此外，隨著演化生物學觀念演進，分類學家發現，許多過去被歸為同類的生物，可能是因為適應環境而產生相似的外部形徵，但牠們其實是完全不同的物種，例如鯨豚因為和魚類的外型相似而易被歸為魚類，但現今已將牠們歸為是胎生且具有乳腺的哺乳類。學者推斷牠們可能是由具蹄的陸生哺乳類—中蹄獸，為適應水中環境，演化成今日的鯨豚，牠們還具有未退化完全的耳骨、齒、趾等，另透過遺傳與生化學鑑定其血液組成和核酸序列，也顯示其和有蹄類有相近的親緣關係。類似的情形除推翻過去的分類外，還可能使分類學家在辨識新物種時產生混淆，讓生物分類受到干擾，而導致分類發生錯誤。

外部形態分類方法

分類比較依據

•外部形態、特徵　•同器官之間的差異

舉例

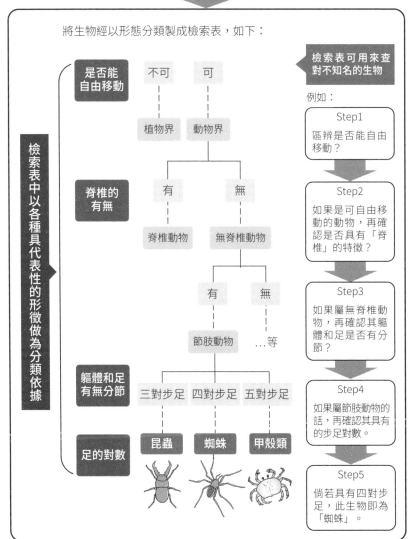

將生物經以形態分類製成檢索表，如下：

檢索表可用來查對不知名的生物

檢索表中以各種具代表性的形徵做為分類依據

是否能自由移動
不可　　可
植物界　動物界

脊椎的有無
有　　無
脊椎動物　無脊椎動物

有　　無
節肢動物　…等

軀體和足有無分節
三對步足　四對步足　五對步足

足的對數
昆蟲　蜘蛛　甲殼類

例如：

Step1
區辨是否能自由移動？

Step2
如果是可自由移動的動物，再確認是否具有「脊椎」的特徵？

Step3
如果屬無脊椎動物，再確認其軀體和足是否有分節？

Step4
如果屬節肢動物的話，再確認其具有的步足對數。

Step5
倘若具有四對步足，此生物即為「蜘蛛」。

分類的依據 ② 細胞構造

形態分類固然直接明瞭，但隨著更多微小生物的發現，分類學家愈來愈不易以形態做區別。十九世紀末至二十世紀，細胞生化學發展蓬勃，科學家遂提出以細胞內的構造和細胞營養代謝方式做為分類依據。

以細胞分類的提出

　　十七世紀顯微鏡被發明出來，使得許多以前肉眼觀察不到的微小生物不斷被發現。但透過當時的顯微鏡所觀察的微生物，其外形上非常相似，單就外形來看並無明顯的獨特性。加上當時仍囿於盛行的二界說，微生物往往被粗略地歸在植物界，少數觀察到能動的如眼蟲，則被歸在動物界，分類依據仍顯不足。而後，十九世紀末至二十世紀，因顯微技術大幅提升能觀察到更細微的組織，使細胞生化學快速且蓬勃發展，科學家也因此對於細胞的生理代謝和構造組成有更深入的認識。在已知細胞是構成生物個體最基本的單位後，惠特克在一九六九年率先提出，可先從最基本的細胞構造以及細胞獲取營養方式的差異，來做為另一種分類依據，以便從中了解生物不同的生活型態。

如何以細胞分類

　　以惠特克為首、主張以細胞做分類的科學家認為，細胞的構造和胞器組成是辨識生物細胞的重要依據。植物、動物和細菌之類的微生物等，其細胞構造最主要的差異在於細胞核和細胞壁的有無，因此將有細胞核的生物稱做「**真核生物**」，包括了動物、植物和部分微生物，這類生物細胞中的遺傳物質因為有核膜包裹住而形成細胞核。相對地，沒有細胞核的生物即稱為「**原核生物**」，例如細菌，其細胞中因為沒有核膜，所以遺傳物質散布在細胞質液中。

　　檢視細胞壁的有無，也可將真核生物區分出有細胞壁的植物和真菌，以及沒有細胞壁的動物。植物和真菌都擁有堅硬的細胞壁保護著細胞，但前者的細胞壁由纖維素組成，後者是由蟹殼質（又名幾丁質）組成。動物沒有細胞壁，而是單純以細胞膜圍繞細胞。又，細胞內的胞器也是區分動植物的特點之一，植物細胞含有葉綠體和極大的液胞等胞器，但動物細胞通常沒有，而動物細胞具有含消化酵素的溶酶體，植物則多半沒有。

　　此外，不同生物種類的細胞其獲取營養的方式也有所差異，據此便可將生物分成自營性生物和異營性生物。**自營性生物**指的是可行光合作用，自行從二氧化碳合成含碳的有機醣類，供自身能量利用的生物，如大部分的綠色植物。**異營性生物**則是必須取食其他生物來獲得有機物質，供生命能量所需的生物，如動物和大部分的細菌、真菌。而特性介於原核生物及真核生物之間的原生生

物，則可依不同的營養代謝方式再區分為原生藻類、原生菌類和原生動物。原生藻類可行光合作用、自行產生能量；原生菌類可將酵素分泌至環境中、行體外消化以直接吸收小分子做為能量；原生動物則是自外攝入食物、由體內分泌的酵素分解消化後吸收供做能量利用。

特色與不足之處

　　利用細胞的營養代謝和細胞組成與構造等進行分類，不僅提供分類學家另一項新的分類依據，亦能呈現出不同生物的生活形態，和適應環境的演化過程，進而推估物種之間的相似程度，使生物分類的考量顯得更為齊備。然而，仍有許多生物因具有不同於類群中其他生物的特性，所以仍無法明確將其歸類；此外，若加上生物演化的考量，物種的出現順序也無法完全從營養代謝方式或胞器組成上得知，顯示此種分類依據仍有不足，尚需其他的分類依據做更進一步的研究。

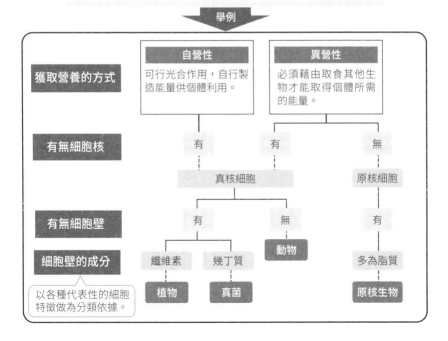

以細胞特性進行分類

分類比較依據
- 比較細胞的構造，例如細胞核和細胞壁的有無。
- 比較細胞內的胞器組成。　　● 比較細胞的營養代謝。

舉例

| 獲取營養的方式 | **自營性** 可行光合作用，自行製造能量供個體利用。 | **異營性** 必須藉由取食其他生物才能取得個體所需的能量。 |

有無細胞核　有　　有　　無

真核細胞　　　原核細胞

有無細胞壁　有　　無　　有

動物

細胞壁的成分　纖維素　幾丁質　　多為脂質

植物　真菌　　原核生物

以各種代表性的細胞特徵做為分類依據。

分類的依據 ③ DNA序列

DNA是記錄生物遺傳訊息的分子，每一種生物的繁衍都是一種DNA的延續，透過繁殖過程的複製與傳遞，使DNA在不同世代間被保留下來。從現有的DNA組成中，科學家們看見生命的傳承和演化的關係，並將其運用在生物分類上。

DNA序列分類的提出

自二十世紀中期，華生和克立克解開DNA的結構之謎後，分子生物學便飛躍式地蓬勃發展，DNA被視為遺傳因子，並且決定生物的發育、形態、生理代謝等生長的關鍵過程。在正常生殖遺傳情況下，就算過程中某些因素造成子代的性狀產生差異，甚至出現基因突變（發生在非生殖細胞中）的狀況，原始物種的DNA序列仍會不斷地透過生殖細胞被忠實地保留至後代。由於這些關鍵的序列正是決定物種生存與否的重要因子，於是便有科學家提倡，透過某些重要的分子序列的比對，便可推估生物之間的相似度，並可做為分類上的依據。

接著在一九七五年，科學家桑格氏發展出「核酸定序」的方法，並用以了解DNA分子的組成為何，之後研究人員也藉由序列的組成方式推估DNA所具有的功能，以及對生物所形成的作用。而後，科學家更進一步列出生物的DNA分子序列相互比對，並以此做為生物分類的依據，例如一九七七年，科學家沃斯即比對原核生物中的核醣體RNA序列，將原本被歸為同一類的細菌，分類出不同域的細菌，而使得分類階層有了重大的轉變。

如何比對DNA序列進行分類

DNA是由四種核苷酸排列組合而成，要知道生物體中一段DNA的組成為何，就必須透過「定序」的技術將DNA中含氮鹼基的排列順序列出，才能進一步比對分析。分子比對的做法首要步驟要從兩個或更多物種中取得同源性的DNA片段（即可表現出相似或相同功能蛋白質的分子片段），將這些片段藉由定序技術分析得到定序後的分子數據，接著將兩段序列對齊，檢視核苷酸序列是否相同或具有差異性。序列相同或愈相似代表物種間的親緣性愈相近；而不同物種的同源片段則會出現核苷酸組成順序不同，甚至連長度也不相等的情形，這就是演化時期的基因突變如插入、缺失等所致。透過這些差別，分類學家不只可推論出哪些物種在分類上較相近，也能推演出生物演化的順序。

在藉由大量的分子資料比對後，科學家觀察到一個有趣的現象：生物在原先以形態分類的階層中愈相近者，整體DNA序列組成也愈相近，個體的相似程度也愈高。如人與黑猩猩，在分類與演化上一直被視為極相近的物種，透過研究分析兩者之間的基因體序列，發現相似度竟高達近九十九％。

此外，科學家除了定序體內細胞中的DNA外，還能解開細胞胞器粒線體中的DNA和核糖體RNA序列（參見P110）。在人與黑猩猩的比對上，同樣採二者的粒線體DNA和核糖體RNA進行比對，結果同樣出現高度的相似性。此外，根據研究已知，粒線體DNA來自母系遺傳，因為皆由雌性一方遺傳，所以其中DNA片段不易有重組和變異等現象；而核糖體RNA則是在演化中的變異速率較其他基因體DNA來得慢，二者可說是保存了生物恆久不變的樣貌，不僅適合用來做為物種分類比較的依據，更適用於物種親緣關係的追溯。

特色與不足之處

　　拜資訊與生物技術發展所賜，許多研究單位紛紛將各種物種定序的成果發表至網路平台上，許多國際性的生物基因體資料庫也紛紛成立，因此只要將序列放入比對軟體或網站中，即可馬上得到其他相似的物種序列，並以序列相似度做排序，相當方便於做為生物分類的參考。分子序列比對已是一個在分類學上廣泛運用的技術，透過資料庫彙整與公開，研究者可用極少的人力去處理大量的樣本數，較過去傳統分類更有效率，而在正確性方面來說，也大過於傳統分類的觀察與比對，減少人為因素的誤差。另外在比較體形微小與演化時程較久的生物時，序列比對也較容易提供客觀的參考數據，使演化分類上的進行更加順利。

info　分子上的同源性

現今演化生物學或分類學中，除了過去的傳統分類學以外部形態進行生物分類外，亦能以分子的同源性來推估這些物種之間的親緣關係或是演化上的順序，做為親緣關係及演化順序的重要依據。分子同源性是指基因或其蛋白質產物的序列，即核苷酸或胺基酸序列的相似度。因生物體內的分子序列會隨長時間演化而出現變異並累積，因此比對兩物種間的分子序列，若其相似度愈高，表示其同源性愈高，兩物種間的親緣關係愈近，藉此甚至可了解物種是否遺傳自共同祖先。

比對DNA序列進行分類

分類比較依據

生物細胞中或胞器內所具有的DNA序列

舉例

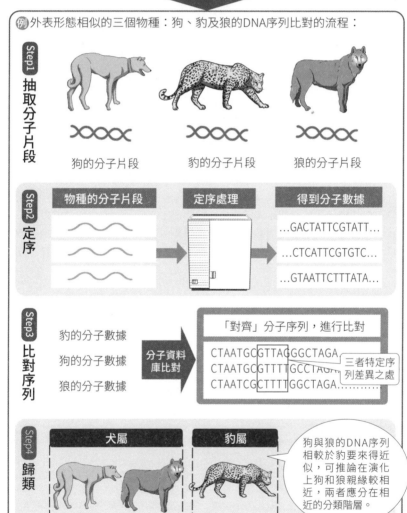

例 外表形態相似的三個物種：狗、豹及狼的DNA序列比對的流程：

Step1 抽取分子片段

狗的分子片段　　　豹的分子片段　　　狼的分子片段

Step2 定序

物種的分子片段	定序處理	得到分子數據
		…GACTATTCGTATT…
		…CTCATTCGTGTC…
		…GTAATTCTTTATA…

Step3 比對序列

豹的分子數據
狗的分子數據
狼的分子數據

分子資料庫比對

「對齊」分子序列，進行比對

CTAATGCGTTAGGGCTAGA
CTAATGCGTTTTGCCTAGA
CTAATCGCTTTTGGCTAGA

三者特定序列差異之處

Step4 歸類

犬屬　　　　　　豹屬

狗與狼的DNA序列相較於豹要來得近似，可推論在演化上狗和狼親緣較相近，兩者應分在相近的分類階層。

分類與生物演化

從傳統分類到現今的序列比對分析，達爾文所提出的演化論因而有了更多的證據支持。為使分類更趨於完善，除了要能在分類上區分生物的差異之外，還要能呈現生物的演進、親緣關係，因此生物演化的概念也逐漸成為分類學的主軸。

演化支序分類法提出新的觀點

早期較傳統的分類學派，大多倡導分類只是單純地依生物的外部特徵或解剖構造等，將眾多生物予以區分，並未將「演化」的觀念納入，以連結生物之間的親緣關係。但在分子生物學的急速發展之下，科學家經由觀察DNA遺傳片段，開始注意到物種之間DNA序列出現的些微差異和漸進式的改變，可能說明了由DNA表現出的各項生物特徵是經過長久時間的變異累積而成。

而DNA組成的改變，很可能就是造成這些形態變異的根本。於是，以序列推估生物演化順序的論點隨之產生，「演化支序法」因此成為分類的方法之一。演化支序法的概念，最早是由德國昆蟲學家漢寧提出，其利用「二分法」將較原始的物種導向兩個分支做成「二分圖」，此二分支出現前的分歧點，表示演化過程中將兩個物種區分的特徵與時程，因此可以清楚地呈現出物種祖先以及成為其他物種的演化分歧過程。在此過程中亦可能出現過渡物種，同時具有兩分歧物種的特徵，但隨著演化，過渡物種的形徵逐漸改變而產生兩分歧物種，亦可能因不適生存於當時環境而使某一物種滅絕，從整個物種分類中被剔除。

在一個二分支圖中可以展現兩個物種和其共同祖先，若將多個二分支圖結合在一起，便可組成一較完整的演化支序圖，廣泛呈現多種生物的演化順序與親緣關係。此分類法同樣能讓人一目了然以外，也為傳統分類法增添生物之間親緣關係、演化過程的深層意義，因此演化支序學的分類方式發展至今，已成為現代分類學中的主流。

如何以系統分類學進行分類

有系統地做生物分類，是分類學的最初目的，只是當時的分類學礙於所知有限，因實質上較偏向物種的命名、鑑定和歸類。除了以二名法為生物命名外，亦利用域、界、門、綱、目、科、屬、種等不同分類階層，將不同生物種類區分並歸類。

納入了演化分類的觀念以後，分類學家將演化與分類階層結合，以更有系統的方式建立生物分類的圖譜，使分類本身即可呈現出生物在演化上的關係，分類學的定義也因此改為「從演化的角度從事生物多樣性的研究」，而成為現

代的系統分類學。其中的生物多樣性研究即包含藉由分類階層的建立，來了解物種之間的演化順序，及其產生的多樣化現象。

在追蹤物種發生與進行生物分類的同時，比較外部形態和解剖學上的特徵是最為直接的，而分子序列的比對則能加強分類的精確性。然而因生物演化方向的可能性非常多，加上四種DNA鹼基在改變時，有許多不同的可能順序，使得科學家們對分子序列上的變異常有不同的意見。在系統分類學中，「簡約原理」可以幫助分類學家解決這些異見。簡約原理強調用最簡單的現象或事實去解釋變異的發生，例如鹼基C突變成T的過程中，可能有經過數次的變換，而套用簡約原理，則可將鹼基轉換的模式直接視為C直接轉變為T，即選擇變異次數最少的路徑做為物種的演化歷程。科學家同時也認為大多生物的生存與物種演化是朝著最有利的模式進行，無論過程中有幾次的變換，最終呈現的結果即是生物演化欲達成的目標，因此運用簡約原理進行分類已被認為是在比較多物種的親緣關係時，可以減少過度複雜且多餘的推論，讓分類更單純明確的重要分類法則。

如今系統分類學的建立提供分類上的新觀點，但也撼動了先前對於物種演化上的研究基礎，分類學已不再是單單只有分類，而是將演化和親緣的概念與分子技術和資訊相結合，並且最終強調了生物多樣性的發展。

符合演化關係的分類法最自然

從分類學的發展歷程中可以發現，分類的依據和內容會隨著相關的生物研究進展而不斷地變動和更新，尤其以生物技術的發展突破所帶來的效應最大。近十年來，分子技術的突破使許多科學家從巨觀的角度進入到微觀的世界，看到了不同以往的分類標準，也得到了不同想法。並隨著演化論的提出，確知生物的外在特徵會不斷改變，外在相近者未必是相近的物種，差別大者也未必是親緣關係較遠的物種（參見P205），再加上分類學必須考量物種的未來走向，因此，不斷有科學家倡導，分類系統最好能符合生物的演化關係，只有符合生物類緣關係的分類系統才是最自然、最正確的。

透過演化支序分類的方式，生物學家累積了數百年的觀察與記錄，經由現代系統分類學，不僅可從演化支序圖中了解生物分屬的類群，還可以知道不同種類的生物出現於地球上的先後順序，了解其間的親緣關係。甚至，可用於找尋古老的祖先物種，來探討更多關於生物生存的現象。

系統分類學的內容與發展

基本分類階層

域→界→門→綱→目→科→屬→種

傳統分類階層	演化支序法分類階層
動物界 └─ 哺乳綱 　　└─ 食肉目 　　　　└─ 犬科　　貓科 　　　　　狼　犬　豹　貓	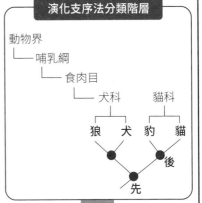
可知道生物分屬的類群，但無法知道演化順序。例如： ●狼、犬、豹和貓均屬哺乳綱的食肉目。 ●狼和犬均屬於犬科，而豹和貓則屬於貓科。	可推測演化順序和親緣關係。例如： ●狼和犬是比豹和貓還要早出現的物種。 ●豹和貓的親緣關係較近，同屬於貓科動物。 ●狼和犬的親緣關係較近，同屬於犬科動物。

整合

傳統分類學派		演化支序分類學派
●命名 ●鑑定 ●分類 ●比較外部形態、解剖構造	各取其優點	●命名 ●鑑定 ●分類 ●比較分子序列 ●推估演化順序、建立親緣關係

形成

現代系統分類學

從分類法了解生物多樣性

經由分類，生物學家不只將生物做有系統的整合、間接看到了生物演化的證據，同時也藉由分類和演化觀念的結合，對生物多樣性的形成原因有了進一步的了解。

相同物種間擁有差異

經分類後可知，相同種類的生物應具有相同的形態特徵，但分類學家經由長期的分類與觀察卻發現，即便是同一種生物，除了具有歸類為同一種類所共有的特徵外，在其他的外部形態上也會有著不同程度的差異。尤其比較生存在不同地區的同一種類生物時，這樣的差異更加明顯。人類就是最好的例子，同樣是人類，但因生活環境的不同，造成世界各地的人類有著不同膚色、五官面貌等。因此生物學家透過不斷的分析與研究，加入演化的概念，對於這樣的現象歸納出一個結論：儘管是相同的生物種類，為適應不同的生存環境，也會隨時間漸漸演化出不同的形態，甚至最後也可能成為形態差異甚大的另一種類。

不同物種之間仍有相似之處

此外，生物學家也發現，環境不僅能使相同物種產生差異，也能使不同物種衍生一些相似的形態特徵。例如海豚和魚分別屬於哺乳類和魚類，但牠們都具有流線形的身體和鰭，能在海中快速移行並捕食獵物；又如鳥和蝙蝠分別屬於鳥類和哺乳類，但也都擁有翅膀可以飛行，以利牠們捕食、遷移等。這些相似的特徵即為演化學上所描述的：不同種類的生物之間，為適應相同的環境條件而衍生出形態、功能皆非常類似的器官，但是其起源和結構卻不盡相同。因此這些因適應環境而發展出來具有相同功能的器官，即稱之為「同功器官」。

從分類學中反應生物多樣性

生物的演化是經由長時間與環境的互動、累積變異而產生，而這些變異造就了生物呈現多種不同的特徵，如蛇類皮膚具鱗片、鳥類有羽翅、有些蛙類的趾上特化出吸盤等。藉由分類可將多樣性的生物特徵逐一列出並加以比對，探討這些形態特徵所反映出的演化現象，以及演化特徵與環境互動的關係，進而了解在漫長的演化過程中每一種基因型態對族群存續的不可或缺，而顯示出生物多樣性的重要。舉例來說，爬蟲類和兩棲類均具有可爬行的四肢，但因爬蟲類還具有鱗片，可完全生活於陸地，因此推測其很可能是由可活動於水陸兩處的兩棲類生物演變而來，如果爬蟲類沒有演化出特定的基因型態，未必能讓族群在特定的環境中存活至今並繁衍後代生生不息，這正是現今人們理解生物多樣性的最重要意義和啟示。

生物間的差異形成生物多樣性

相同物種間有形態差異

相同生物為適應不同生存環境而演化出不同的形態特徵。

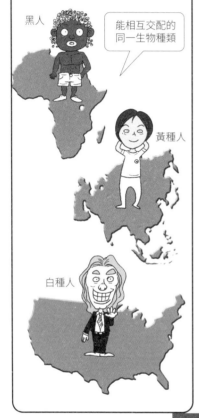

黑人

能相互交配的同一生物種類

黃種人

白種人

不同物種擁有相似構造

不同生物因生活在相似環境條件下而演化出類似功能與形態的特徵。

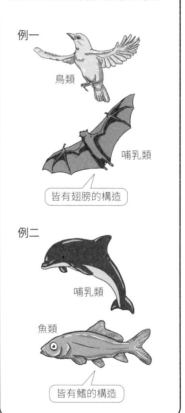

例一

鳥類

哺乳類

皆有翅膀的構造

例二

哺乳類

魚類

皆有鰭的構造

呈現

生物多樣性的意義

自然界中各種生物的形態各異，為適應環境條件所演化出的各種基因型態、性狀特徵都在演化過程中不可或缺，使族群得以存續至今。

分類學在爭論中持續發展

在分類學史上，無論是傳統或現代的分類方法，常因採用不同的分類依據，而呈現不一致的分類結論，導致爭論不斷。但也正因為這些爭論使得分類方法不斷受到挑戰，才能讓分類學經由研究進展的激盪而更趨完善。

從傳統到現在，從形態到分子

傳統分類利用比較外部形態與解剖構造的方式，使分類顯得簡易且直接，尤其是以外形做區分的分類更可讓人一目了然、印象深刻。傳統分類中，雖然需要耗用長時間的觀察和區分才能建立出物種的檢索表，但有了檢索表就能提供初步簡易的物種區分，在分類上實有相當的重要性。但傳統分類無法明確反映出物種間的演化及親緣關係，且當遇到分類的物種結構保留不夠完整或是體型過於微小，如化石遺跡與微生物，欲以外形判斷其分類地位便有所困難。

當分子技術融入分類後，即提供了新的依據、抒解傳統分類上的窘境。其僅需取得微量的樣本，便可經技術流程獲取能進行分子比對的數據，因此那些過去已絕跡或僅短暫存活的生物，只要存留有生物標本，便可透過分子技術取其分子數據供分類比對，並且能快速得到結果。加上應用核酸的遺傳特性，更可提供比對物種親緣關係的參考。即使如此，分子技術和傳統分類間的衝突也逐漸浮現，許多分子數據往往推翻了之前傳統分類的結果，以致有關採用何種生物形質為分類依據即成了分類學中需要重新檢視的議題。

不過，科學家們也已體認到無論採用分子、形態或生理等眾多形質依據都不一定有平行一致的結果，而漸形成了共識，即使無法認定哪一種分類形質是最佳的分類依據，每種分類形質都可應用於其合適的分類情境，或採用多種形質以相互應證，來達成分類的目的。

分類學仍持續發展中

許多聞名國際的博物館如大英博物館、美國自然歷史博物館等均斥資新增分子生物技術實驗室，聘請熟諳分子技術的年輕學者，並結合資深的傳統分類學者，一同為過去傳統分類無法解決的分類、演化問題找尋答案，並透過現有分類基礎，持續尋找其他新的分類證據，以使生物分類更趨完善。

但如今因受分子技術發展的影響，現今多採用省時、省人力的分子系統進行分類，而致使許多年輕學者不願投入那相對較為細膩、費時而繁瑣的傳統分類中，使傳統分類漸不受重視。但物種分類之初，還是必須先以形態做初步分類，才可推估出近似的物種，縮小欲比對的形質範圍，因此傳統分類仍不可偏廢。如何留存基礎的傳統分類學做為生物分類的方法之一，是現今生物研究發展上值得深思的問題。

分類學的發展與目標

分類依據	優點	缺點
傳統分類學 外部形態	●提供簡易區分的檢索方法。 ●點出明確的特徵差異。 ●便於觀察與記憶。	●難以區別肉眼看不見的微生物。
細胞構造 營養代謝	●區分出真菌類及其他微生物。	●原生生物類的代謝方式迥異，但此法不易切分。 ●較無法區別原核生物中的種類。
現代分類學 核糖體RNA DNA序列	●加入遺傳及演化關係，使分類中能呈現物種間的親緣關係。 ●可快速地一次大量比對多種。 ●可用於化石並無須大量樣本。	●需仰賴傳統分類為基礎。 ●需選定、縮小特定比對範圍。 ●需要較精密的儀器與技術，花費較高。

問題

僅呈現生物形態及結構上的差異，較無法反應生物間的演化與親緣性。

問題

僅比對物種間的分子序列而不考慮外部形態，衍生傳統分類與分子分類兩者結論上的衝突。

分類學仍然持續發展中

外部形態

分類學的目標
●所有分類形質均列為分類依據，以相互應證做為分類的參考。
●持續找出適合用於生物分類的依據，使分類更趨完善。

營養代謝

細胞構造

分子序列

發展方向 依據多項分類形質，並結合生物演化與多樣性的概念，使生物於整個自然體系中有合適的位置與關係。

Chapter9
現代發展——
生物科技

生命科學在過去一直分散在生物、物理和化學等自然科學領域之下，但近代隨著以生命為核心整合的「生命科學」崛起，人們發現這個更貼近我們日常生活的科學，對人類生活的品質有著顯著的貢獻，而慢慢開始重視生物科技的發展。生物科技是以生物體為材料進行反應的科學技術，結合物理與化學等各種科學領域，達成一個難以單靠物理或化學實驗操作的複雜反應，像是DNA或蛋白質的合成。現今生物科技的發展一日千里，應用的層面也益發寬廣，有必要對於生物科技在人類生活各方面的貢獻有所了解。

學習重點

∙ 何謂生物科技？
∙ 生物科技的內涵為何？
∙ 生物科技的演進
∙ 生物科技在醫學上的應用
∙ 農業如何與生物技術結合？
∙ 什麼是工業化的生物技術？
∙ 生物科技對環境保護的貢獻
∙ 發展生物科技引發了哪些爭議？
∙ 從倫理觀點看生物科技，哪些技術
  的發展關係著倫理道德？

認識生物科技

生物科技是「利用生物程序、生物細胞或其代謝物質來製造產品的科學技術」，應用層面相當廣泛，它除了是一門新興的領域外，亦是本世紀最具發展潛力的科技之一。

什麼是生物科技

　　生物科技又稱為生物技術，生物科技的發展需仰賴三個基礎：理論、工具和材料，其中，工具的研發與材料的選定都必須建築在學理的基礎上。諸如生命科學、化學、物理學、計算機科學和工程學等領域，以及由生命科學所細分的幾項專業學門，如分子生物學、生物化學、生理學和遺傳學等，均為發展生物科技的基礎學門。這些理論基礎猶如生物科技發展的能源，當基礎學科的研究有長足突破時，往往因而提供了生物科技新的發展方向，帶動整個生物科技的大躍進。但是，理論基礎的研究成果能否突破，相對地亦會受限於現有的工具和技術上的能力。

　　過去，與微生物學密切相關的發酵技術，被廣泛運用在食品釀造等方面。近年來，因多項生命科學領域如生理學、生物化學、蛋白質體學、遺傳學等的整合研究，尤其是隨著分子生物學的開展，以及與工程學概念的結合，讓有別於過去傳統生物技術的現代生物技術就此形成，並快速發展。現已將生物技術普遍應用於醫學、農業、工業和環境復育等範疇，例如應用於醫學上強化疾病的預防和治療的基因療法、幹細胞、疫苗和器官移植等技術等；在農業上被用來提升農作物產量或抵抗蟲害的基因轉殖植物技術等；在食品工業上提升發酵技術的效率並利用酵素工程改善產品的質與量；以及在環境復育上以微生物進行污染物分解技術…等，這些都是現代生物科技帶給人類最直接的助益，並提升了人類的生活品質。

常用的生物科技材料

　　發展生物科技多仰賴物理與化學的基礎，和因科技發展而得以製成的儀器或設備工具，如：顯微鏡、質譜儀、色層分析儀、基因槍、電泳裝置等，來協助研究過程中觀察、測量、實驗和分析的進行。而生物科技的研究則會依據不同的試驗目的選用不同特性的實驗材料，主要的實驗材料可分為微生物、細胞株、動物和植物等四大類，其原因如下：①微生物，指的是體型大小約在0.1mm以下（1m＝1,000mm）的生物，最常被使用的是具原核細胞的細菌，以及不具完整細胞結構的病毒。由於它們相較於動植物的真核細胞而言，是相對簡單的結構，因此易於改造，再加上體積小、繁殖快、容易取得等特性，不僅能快速地

提高研究量，亦能降低成本，不僅便於做為一般實驗材料，亦適合在工業上大量生產，可說是生物技術發展上熱門的選用材料。②**細胞株**，是指從生物個體上取得的單一細胞，藉由適當環境和養分的提供，培養產生更多的細胞，以供多項初步研究的材料，例如應用於醫療上製造抗體時，便需仰賴特殊的細胞株來大量產生。③**以動物個體為材料**，像是老鼠、兔子或猴子等，多是因為在試驗的階段必須藉由活體來確認產品的效用而選用，例如新藥開發會先由細胞株實驗觀察藥物是否會造成細胞的毒害後，再以動物實驗進一步確認。④**以植物做為材料**時，可應用於農業方面的技術研究上，例如藉由將抗蟲害的基因轉殖進入植物的組織細胞中，來改變植物的特性，生產具有抗蟲害特性的農作物，也可利用轉基因（轉殖基因）作物做為疫苗來源，或生產有用的二次代謝物。

生物科技的基礎

生物科技

理論基礎

工具

材料

生命科學領域
- 分子生物學
- 微生物學
- 動物學
- 植物學
- 生理學
- 生物化學
- 遺傳學

＋

其他相關領域
- 化學
- 物理學
- 工程學
- 計算機科學

發展生物科技的工具多仰賴物理與化學的基礎，及其他科技的發展，來製成有助於觀察、測量、試驗及分析等的儀器或設備，如：

- 顯微鏡
- 生物反應器
- 基因槍
- 電泳裝置
- 流式細胞儀
- 分光光度計
- 氣相/液相層析儀
- 質譜儀
- PCR儀器
- 電腦
- ⋮

在多項理論基礎的建立下，研發出各種能發展生物科技的工具。而基礎理論能否進一步突破亦可能受限於工具的發展。

微生物
主要利用的材料包括細菌（原核細胞）、病毒（不具完整細胞結構），具有結構簡單、容易改造、體積小、複製快、容易取得等特性，因此可快速地提高產量、降低成本，是生物技術發展上熱門的選用材料。

細胞株
是由生物個體上取得的單一細胞，能藉此培養出更多的細胞，做為多項初步研究的試驗材料。

動物
- 以生物的「個體」層次來操作，藉由活體的狀態來確認產品的效用。
- 能比細胞株更進一步反映真實情況的試驗方法。

植物
多取植物組織為材料，且多應用於農業方面的生物技術，如利用轉殖技術來改變植物特性，提高農作物的收成量，或改善品質。

生物技術的演進

自從人類為了滿足所需而懂得介入大自然的生物秩序開始,生物技術的行為就已經存在了,但知其然而不知其所以然,直到近代才漸漸了解這些技術背後的原因,並使其更為發揚光大。尤其在過去的六十年間生物技術蓬勃發展,無論在利用的工具上、基礎理論和應用上都有諸多的突破和創新。

傳統生物技術

生物技術的起源最早可以追溯到數萬年前,農耕社會中農夫會收集較優良的植物種子做為隔年播種,並且馴養一些具有生產價值的動物,可知當時已有了物種篩選的概念,讓那些對人類有益的動植物基因因此被保留下來,漸漸達到品種改良的效果。而約在西元前一千五百年左右,人們則在一次偶然的情況下發現了「發酵」。揉製好的生麵團隨意放著一段時間後再烘烤,就會成為蓬鬆的麵包,雖然當時並不清楚是因為發酵使然,但此後人們便保持著這樣的做法,使得麵團發酵的技術一直傳承下來。

一直到十九世紀中期,科學家巴斯德的實驗中發現微生物中的酵母菌在缺乏氧氣之下,會將糖轉化成酒精與二氧化碳,這才真正了解酵母菌正是讓麵團發酵的原因。所謂的發酵是指生物體中對於有機物的分解過程,例如麵團發酵時,酵母菌產生的二氧化碳會讓麵團裡充滿一個個的氣室,讓烘烤後的麵包因為有許多空隙而更加蓬鬆。而後,巴斯德進一步發現過去許多的發酵食品像是乳酪、醋、醬油、泡菜與酒類等的製造均與微生物有關,使得微生物的研究與應用開始蓬勃發展,發酵的製程亦更趨向工業化且逐漸擴展應用的領域。例如在第一次世界大戰(西元一九一四至一九一八年)時,德國利用發酵的方法大量生產甘油來製造炸藥,於是開始有了食品以外的化學品發酵技術。又如第二次世界大戰(西元一九三九至一九四五年)時,由於發現某些微生物能夠分泌「抗生素」來抵抗其他微生物生長,便藉此開始大量生產抗生素,以提供戰爭中藥物的來源。

到了一九五〇年代,科學家開始結合生物化學的概念,了解物質於微生物體內代謝轉換的過程,而發展出「生化轉化反應技術」,也就是將微生物培養在特定的環境,供給微生物特定的物質做為代謝原料,使其代謝產出人類需要的特定產物,如維生素便是藉由此法製成的代表性產品。而利用微生物本身的特性或能力,透過提供適合的環境讓微生物能專心的「生產」特定物質或成分,可說是至今「傳統生物技術」的最大應用與貢獻。

現代生物技術

在一九五二年證實了DNA是遺傳物質、緊接著一九五三年華生和克立克

兩位科學家發現DNA為一雙股螺旋結構,此一突破性的發現讓生命科學正式跨入分子生物學領域,同時推進了「現代生物技術」的發展,生物技術也因此不再囿於微生物的既有特性,而是能更進一步地改造微生物本身。例如一九七〇年代科學家開始藉由細菌能快速繁殖複製DNA的特性,將DNA經剪接重新組合(即DNA重組技術)後,送入細菌體內,來大量生產所需要的DNA片段,做為其他遺傳工程與研究之用。又如隨後所發展的「蛋白質工程技術」,亦是藉由DNA重組技術,改變染色體中蛋白質基因的DNA組合,達到修改蛋白質特性的目的,再經由轉譯過程取得所需求的蛋白質。而隨著多項結合基因特性而快速發展的現代生物技術,讓科學家體會到基因裡存有無限發展的可能性,引發基因定序的熱潮。一九八八年至二〇〇三年,國際上共同合作完成的「人類基因體計畫」完成人類基因定序,解開了人類所有的遺傳密碼,不僅為生物醫學提供了大量資訊,也象徵生物技術發展的重大里程碑。

　　隨著生物技術的熱潮,分子生物學也結合了細胞學、發育生物學等原理,發展出「複製技術」,也就是利用多種顯微工具轉換細胞中的細胞核,在人工培育出胚胎後,送入雌性個體內(代理孕母)以產下外觀與細胞核供給者相同的個體,一九九七年的複製羊桃莉便是此技術下的產物。

info 什麼是「人類基因體計畫」?

一九九〇年美國國家衛生研究院的人類基因體中心邀請DNA雙股螺旋結構發現者華生擔任計畫主持人,結合美、英、德、法、日等國為首的十八個國家,共同參與人體中三十億個基因體核苷酸的解序工作。並已在二〇〇〇年六月完成。此計畫最重要的目的是期望能透過基因體的解序找到人與人之間的個別差異和疾病之間的關連,並可透過所繪製的人類基因圖譜(所有的基因體核甘酸序列),提供科學家一個個去確認人類所有基因的功能與調控方式,以及基因、生理與疾病之間的關連,以供醫療應用,尤其如癌症、帕金森氏症和亨丁頓舞蹈症等這些目前仍無法治癒的疾病,都期望能藉此找出相關基因,尋求根治的方法。

生物技術的演進

傳統生物技術

數萬年前
農耕社會已存有物種篩選，保留優良基因的概念。

1500年前
人類已經發現麵團在放置一段時間後，便能烤出蓬鬆的麵包。

↓ 原因的確立

1863年
巴斯德發現發酵是因為酵母菌的代謝。

↓ 促成

開啟微生物的研究與擴展應用

第一次世界大戰
1914～1918年
德國利用發酵法產生甘油以製造炸藥。

第二次世界大戰
1939～1945年
利用微生物會分泌抗生素的特性而大量生產，做為藥物的來源，例如維生素。

1950年
結合生物化學，發展出「生化轉化反應技術」，藉由供應微生物特定物質，來代謝產出所需要的產物。

↓

傳統生物技術能利用微生物本身的特性或能力，來生產特定的物質或成分。

現代生物技術

1952年
確立DNA為遺傳物質。

1953年
華生與克立克發現DNA為雙股螺旋結構。

↓ 促成

以基因體為基礎，開展出各項生物技術與應用

DNA重組技術
將DNA以剪接的方式重新組合，改變基因的表現。

蛋白質工程技術
藉由DNA重組技術，來修改蛋白質的特性，再經由轉譯過程，取得所需要的蛋白質。

複製技術
由分子生物學結合細胞生物學、發育生物學…等，以轉換細胞中的細胞核的方式產生與細胞核供給者外觀相同的個體，例如複製桃莉羊。

基因有著無限發展的可能性，於是引發基因定序的熱潮

基因定序
如1988年至2003年國際上共同合作完成「人類基因體計畫」，解開人類所有的遺傳密碼，完成基因的定序。

↓

現代生物技術已能藉由改變生物體內分子層級的基因與蛋白質等，創造出多種與人類需求相符的產品。

生物科技與醫學

近代醫學革命與生物技術的發展有著密切相關，其中基礎醫學的研究在藉助生物技術之下，能更快且準確地找出各種疾病生成的原因和致病的途徑，運用更符合醫療需求的治療方式提高診治效率。

提高診斷的效率

過去在疾病的診斷上，患者通常得先進行一系列耗時且複雜的生化檢測，檢查結果得再倚賴醫生的知識與經驗來判斷罹病的可能，不僅診斷過程相當繁複耗時，診斷結果難免因人為判斷而容易出錯。

隨生物科技的推進，現已研發出多種能快速檢驗、提高診斷效率的工具，例如醫學診斷用的「生物晶片」即是其中一例。透過將各種不同的細菌或病毒的基因（均為單股DNA）固定在一個小型晶片上，依據核酸的專一結合特性，將患者取得的檢體如組織、血液或糞便，抽取出其中的菌體或病毒基因放入晶片中，與晶片上的單股DNA進行雜合反應，再將二者互補結合的方式對照樣本，就能得知是與哪一種細菌或病毒造成的感染，快速精確地獲得診斷結果。目前該項技術已可在同一晶片中嵌入多種基因或蛋白質片段，能同時檢測不同性質的樣本，診斷出多種相關疾病。

發展新的治療方法

另外在疾病治療方面，生物科技在醫學上亦發展出許多新的治療方法，包括了癌症免疫療法、基因療法、標靶療法和幹細胞療法等，由於每種療法在學理上的可行性都相當高，因此每種療法皆投入相當大的資源。

其中備受矚目的研究當屬幹細胞療法。幹細胞是指具有進一步分化成特定功能細胞的原始細胞，其可生成並補充各類的細胞達到修復組織或器官的目的。自從發現幹細胞為體內各種細胞的祖先，具有能發展成各種細胞的能力後，科學家便嘗試找出體內具有幹細胞的組織器官，取出幹細胞以細胞培養技術大量培養，藉由移植來補足個體細胞的缺陷。例如發現骨髓幹細胞能夠發展成為白血球，因此可藉由移植正常人體內的骨髓幹細胞，進入無法製造健康白血球的血癌病人體內，讓病人亦能自行產生正常的白血球細胞，達到治療血癌的目的。目前科學家正在研究能發展成為脊髓細胞並恢復脊髓功能的脊髓幹細胞、能發展成為血球與免疫細胞的造血幹細胞，以及能用於廣泛身體組織修復的脂肪幹細胞…等。

另外，更為治本的方法為「基因療法」，能利用遺傳工程技術將正常的基因建構於某一病毒中，再透過病毒只會感染特定細胞的專一性，將正常的基因

藉由病毒植入病人體內，讓病毒藉由感染病人的特定細胞帶入正常的基因，使原本具有缺陷的細胞能夠發揮正常功能。但目前基因療法只適用在單一基因突變的遺傳疾病，如慢性肺病中的囊性纖維症，未來仍須藉研究持續突破。

　　至於經常讓人束手無策的癌症，在過去的化學治療上因無法僅針對癌細胞進行毒殺，因此在治療的同時也造成了大量正常細胞的死亡，對身體負擔大且副作用大。應用生物技術發展出的「標靶治療」可望改善。標靶治療是以生物技術研發出會判別正常細胞和癌細胞差異的藥物，且僅與體內特定的癌細胞發生作用殺死細胞，能在不危及體內正常的細胞控制病情，提高癌症治療的效率。

公共衛生與保健

　　為能實現公共衛生「預防勝於治療」的理念，施打疫苗是有效預防且控制流行病發生的方法之一。然而傳統疫苗的生產採直接培養病原後將其直接殺死、進行減毒，或是使病菌失去感染力等方法來製造疫苗，但其仍為完整的病菌或病毒，仍可能因突變而具毒性，無法百分之百保證疫苗對人體的安全性，對疫苗生產的工作人員同樣潛藏著感染風險。

　　為避免這些可能的危害，現已能應用基因工程技術取代舊有的疫苗研發生產方式，例如透過免疫細胞只會辨認這些病原體表面的特定蛋白區域（即表面抗原），而使用這些會產生免疫反應的特定蛋白質抗原中的基因，來進行基因重組生產能引發特定免疫反應的小片段蛋白質製成疫苗。由於注入體內的溶液只是許多的小分子蛋白質，而不是病菌或病毒本身，因此不會有上述的感染風險。而這樣的生產方式甚至已進一步發展出具有多種抗原的「多價疫苗」，可一次預防多種疾病。

生物科技在醫學診斷及治療上的發展

診斷

過去
- 繁複耗時的生化檢驗過程
- 倚賴醫生的判斷，人為造成的誤判易發生

改善

生物科技診斷試劑套組—生物晶片

特點

1. 檢測所需時間短
2. 操作容易
3. 可同時檢測多種疾病

應用

糖尿病檢測、流感快篩等⋯

治療

基因治療	幹細胞療法	標靶治療
特點	**特點**	**特點**
將具正常功能的基因放在病毒體內，再利用病毒將正常基因送入細胞，藉其正常的表現功能，取代體內以缺陷的基因，達到治本的效果。	將健康的幹細胞移植到患者體內，促使其分化成為特定功能的細胞，達到治療的目標。	所研發製成的藥物能直接與體內特定細胞作用，而不影響其他細胞。
應用	**應用**	**應用**
例 囊性纖維症等單一基因突變的遺傳性疾病。	例 血癌等疾病，可藉移植幹細胞，重新生成正常的白血球細胞。	例 癌症治療能藉由藥物直接與癌細胞作用，僅殺死癌細胞，不破壞正常細胞，以減輕身體負擔，降低副作用。

生物科技與農業

當世界人口即將突破六十九億人，糧食短缺已成為不能不面對的問題。為了餵飽如此眾多的人口，農業上勢必要有革命性的突破。生物科技可能正是農業革命、和大幅提高農業附加價值的重要推手。

提升作物的質與量

　　雖然自過去農耕時代，農夫就有物種篩選的概念，每次收成會篩選出質量較佳的植株種子或塊根做為來年播種的來源，使糧食作物的品質逐年上升。但現今不僅人口數量暴增，加上長期以來的病蟲害及旱災等問題，糧食實已供不應求之下，勢必要有更具突破性的技術，同時提升作物的「質」與「量」，才能應付如此龐大需求。雖然至今仍有必要不斷地將品質好的植株進行交配，以找出品質更好的子代，達成育種的目的，同時也保存目前所能取得的優良品種，做為往後該品系生產的主力。但除了傳統的育種方法外，現今已能利用「基因改造技術」將優良或特殊特性的基因轉入植物細胞中，以生產出具同樣特性的植株，大幅度提升作物的質量，或是改變植株對各種環境壓力的耐受性如抗旱或抗病蟲害等特性，穩定產量。藉此也能打破耕地的限制，使原先貧瘠的土地也能耕種耐受性強的作物，提升作物生產的總體數量。此外，還能利用「組織培養技術」來大量複製優良品系的植株。這是根據多數植物細胞所具有的分化能力，能由一個細胞分化出體內其他各式樣的細胞，形成組織或器官，而發育成為一新個體。因此只要取得優良植物個體中的某一組織細胞，即可培養形成另一個完全相同的植株個體，運用於農作上即可大量生產具同等品質的農作物，滿足眾多人口的需求。

零污染生技農藥

　　此外，農民為了提高收成所噴灑的農藥，亦得以應用生物科技生產「微生物農藥」，以取代過去使用「化學農藥」的缺點。雖然化學農藥的效果佳、持續性長且成本低廉，但其中的化學成分一旦釋於環境中，即造成空氣、水和土壤等多項污染和生態危機。而微生物農藥則是根據微生物對於害蟲或雜草的感染力與毒殺能力，以微生物本身做為活體農藥或使用其代謝產生的物質經純化或回收做為農用抗生素，其研發主要是利用生物技術篩選並且改良菌株，以達到防治蟲害或增進的目的，因為是由微生物所製造，隨噴灑進入環境時，仍能隨生命週期而死亡分解，並不易造成環境的污染和負擔。

生物技術在農業上的應用

育種

今年收成
透過一次又一次篩選出品質好的種子，使品種愈來愈優良。

篩選種子
選出品質優良的植株，收集保留其種子。

隔年播種
重新交配，產生種子。

篩選種子
同樣再選出其中品質優良的植株，保留其種子。 ...

引入生物技術

基因改造技術

水稻細胞

胡蘿蔔素基因

將基因送入水稻細胞，並表現

產生

具有胡蘿蔔素的「黃金米」

提升農作物的品質

組織培養技術

將黃金米的植株，切成數分，以取出植株的細胞

培養

分別在無菌培養基上培養

以激素刺激細胞分化

得到大量能產生胡蘿蔔素的「黃金米」

提升農作物的產量

生物科技與工業

生技工業即是將生物科技應用於工業製程。將利用生物材料所生產的產品以工業規模進行量產，其應用產業包含了化學品工業、醫療工業與傳統的食品工業等。雖然此類產品量產的規模仍在起步階段，但是光在二〇〇六年台灣的生物科技工業已經達到三百億美元的生產值，可見未來具相當高的經濟潛力。

生技工業的發展

　　如何降低成本是工業研發的重要課題。在傳統工業中，欲降低成本必須取決於原料的選擇與產出效能，但若導入生物科技則可從改變工業製程的方式解決降低成本的需求。例如生產酒精的一般做法多以糖汁為主要原料，成本相對較高。但若能藉由遺傳工程技術改造發酵用的微生物菌株製造出不同的酵素，以酵素的種類做為產出的關鍵，便有可能解決高原料成本的問題。例如，製造酒精時不再需要使用傳統的糖汁做為原料，而是可在成本低廉的原料如一般被當做廢棄物的植物纖維質裡，加入製造酒精用的酵素來生產。

　　然而，生技產業要工業化必需符合三大原則：①**穩定的系統**：確保以有機物為主的材料、工具與產品的穩定性。②**安全性**：由於生物技術常使用菌株或病毒來進行生產，因此生產的材料和產品對人體的安全性相當重要。③**具經濟價值且成本低廉**。在這些特性的把關下，由生技所研發的產品若能被市場所接受，愈能推促發展可大量生產的生技工業。

　　目前生技工業的三個主要領域：包括生產具有特定用途的特用化學品、提供醫療用途的醫療工業和日常所需的食品工業。

●特用化學品工業

　　所謂的「生技特用化學品」是指具有特定用途且高附加價值的化學品，而這些化學品均以生物本身，或藉其代謝能力所產出的產物製成，能做為於多種不同用途的基礎材料。例如利用經基因重組的微生物來進行發酵作用，產出的胺基酸可用來製成味精等食品調味料；或利用酵素技術分解動物皮以產出純化的膠原蛋白。膠原蛋白為人體內細胞的重要基質，因此已普遍應用於生物醫學與化妝品領域，如膠原蛋白製成的人工皮膚或美容飲品等，而科學家也在積極研發使用基因重組的方式來嘗試生產出和人體內一樣的膠原蛋白，使其純度與生物相容性更高、更具效益。

　　早期的特用化學品多為動植物的萃取物，可應用的範圍有限，因此產業並不發達。直到一九六〇年代像是發酵技術、分離純化與萃取技術和酵素工程等生物技術逐漸成熟，因此而能生產精緻又多樣的化學品，應用於食品工業、化妝品、醫療、畜牧等多項產業發展，包括了多半被用於食品加工的天然色素、

生物科技促進多項工業發展

運用生物技術

基本上需符合三大原則：
- 安全
- 穩定
- 具經濟價值

發展

生技工業

目前生技工業的三大領域：

特用化學品工業

藉由生物本身或其代謝能力所產出的產物，製成多種不同工業用途的基礎材料。

如 胺基酸、酵素、天然色素、天然界面活性劑和天然香料等。

特用化學品工業常扮演醫療工業和食品工業的原料供給者

醫療產業

運用遺傳工程或免疫技術生產多項診斷和治療相關的試劑或藥品，提升醫療效率和診斷的精準度與新藥研發。

如 生物醫學材料、診斷試劑、注射用的疫苗血清。

食品工業

運用微生物發酵技術大量生產，並利用遺傳工程和蛋白質工程技術改良或增添食品的營養和風味。

如 保健食品的研發、食品添加物、釀酒、食品工業用酵素、發酵菌種的改良、食品的品質與安全檢測。

天然香料，以及醫療用品、藥品和天然界面活性劑等，都是可由生技研發而生產的特用化學品。

●醫療工業

生技特用化學品的生產亦促成醫療用材料的精進，例如膠原蛋白、多醣類等生體高分子特用化學品，可製成醫療用的傷口敷料、骨骼組織支架等。由於使用的材料取自生物體內的組成成分，具有能直接修復傷口的功能，又因為能提供更好的生物相容性，尤其像是製造人工關節、人工血管和人工心臟瓣膜等這類會直接與人體的組織和血液接觸的生物醫學材料，都必須具有良好的相容性，才能避免使用後與生物體的相互排斥，因而使得此類產品的附加價值大大地提高。

除此之外，那些醫療上用來快速確認疾病的診斷試劑、注射用的疫苗血清等，甚至許多價格高昂的醫療儀器也是生技醫療工業的產品，並且藉生物技術不斷地改良與創新，醫療工業的產品也不斷地推陳出新，因此可知技術研發的成果即是產業的重要價值，業界與學術間彼此必須相輔相成。

●食品工業

與日常生活最緊密相關的食品工業更是在生技研發下，更加多元多變，像是天然食品添加劑：鮮味劑、營養添加劑、維生素、香料等；調味品：味精、醬油及醋等；健康食品如膠原蛋白、靈芝、紅麴等，這些產品多經由微生物發酵產生而供製成可直接食用的產品。

另外，在生物技術高度的發展潛力下，亦能涉入且改善整體的食品加工流程。在原料方面，可透過基因轉殖等技術進行微生物菌種的品種改良、原料的增產和新品種的開發，例如開發出可發酵產生特殊風味的菌種，生產出具有特殊風味的起士或酒類。在加工過程方面，則藉由改良菌種的發酵能力，以改善發酵技術流程，使製程更具效率；而食品病原菌檢測則可利用生物晶片將可能造成污染的微生物基因固定在晶片上，再將抽檢的樣本放到晶片上，看是否有受到污染的訊號，以確保食品品質與安全。

甚至在最終廢棄物的處理，亦可透過生物技術再行利用，像是纖維素在食品產業中往往因為無法再利用而成為廢棄物，但現今科學家正積極研發出利用微生物的發酵作用來將屬於醣類物質之一的纖維素轉換為酒精，也許在不久的將來，纖維素便會由廢棄物變為另一項產業的原料。

生物技術在工業上的應用

類別	應用的生物技術與已製成的產品

食品類

利用微生物或植物本身代謝和合成的能力,再透過遺傳和蛋白質工程技術增加或強化其能力,收集產物,製成多樣化的食材。

酒精飲料 ➡ 啤酒、葡萄酒、高粱酒...

調味品 ➡ 味精、醬油、醋...

維生素 ➡ 維生素C、葉酸、胡蘿蔔素...

發酵食品 ➡ 麵包、紅麴、起士、優格...

色素 ➡ 各種生物色素...

應用類

透過微生物、植物、動物或單一細胞株的代謝生成能力,再藉由遺傳工程技術的改良,製成可供其他工業應用的原料或產品。

酵素 ➡ 蛋白質水解酶、澱粉水解酶...

特用化學品 ➡ 生物塑膠、膠原蛋白、胺基酸...

疫苗 ➡ 單株抗體、多株抗體...

藥品 ➡ 抗生素、修飾有機合成藥物半成品...

生物復育 ➡ 分解原油、分解環境賀爾蒙...

生物科技與環境

隨著工商業長足發展，環境污染問題日益嚴重，環保意識亦逐漸抬頭，開始重視污染防治與環境保護。因此，科學家將生物科技嘗試應用於環境復育發展環境生物科技，或許能在兼顧環境污染、和能源短缺與維護生態平衡之下，帶來新的解決契機。

環境生物科技

　　長久以來，人類總以經濟發展為目標，而忽略各種產業對環境所造成的負擔，造成許多毒性物質進入大氣、土壤與水體，衍生出各種環境汙染問題，不但破壞原有的生態系統，亦嚴重威脅所有生物的生命安全。要解決這些日積月累所造成的環境問題並非容易之事，甚至有些環境問題至今仍令人束手無策，例如船艙漏油事件，一旦發生也只能任由漂浮於海上的油污持續破壞生物的生存環境，過去常用化學方法來整治受污染的環境，不但效果有限還有二度汙染的疑慮。這種種的擔憂和考量若能善用生物技術，也許能另闢解決途徑，現在科學家正嘗試以生物復育的方式處理原油的洩漏問題。

　　所謂的「生物復育技術」就是利用微生物將有害物質轉化成無汙染或毒性較低的物質的一門技術。由於微生物在生態系中原本即是扮演分解者的角色，因此可在已受汙染的地下水或土壤中加入具分解能力的微生物，來消化分解污染物，達成淨化的效果。然而，因工業化發展產生的廢棄物已遠超過微生物所能負擔的數量或濃度，除了容易造成微生物死亡外，許多人工合成的化學物質更是微生物無法分解的，因此僅仰賴微生物既有的能力已不敷使用。科學家於是嘗試利用逐漸成熟的基因工程技術，來改良微生物菌株處理無法分解的化學物質，使微生物具有更多元的分解能力，擴大微生物能夠處理的汙染物種類。而這種將生物科技應用於環境保護領域方面的做法，稱為「環境生物科技」，是一門以生物為基礎材料，結合生態學、生物技術、環境工程和環境毒物學等學科來解決環境問題的跨領域技術，其目的在於不破壞生態之下解決清除環境污染物的問題，並且盡可能回復原本自然的樣貌。

生質能源

　　大量地利用石油煤礦，也是當今陷入經濟發展和環境保護間兩難的原因之一。多項民生用品的製造及汽機車運轉、工業開發等都需要石油，煤礦則是十八世紀工業革命以來至今無法取代的主要燃料，但是燃燒石油或煤都會造成嚴重的空氣污染和溫室效應，而有必要尋求其他具再生性的替代能源，一方面緩衝原油和煤礦的能源短缺困境，一方面減低其對環境的危害。其中「生質能源」即是現今正積極研發的替代能源。生質能源是指藉由生物代謝產生的有機

物質，直接或經轉化其他物質來做為能源的使用，例如利用某些藻類和細菌行光合作用來產生氫氣，做為燃料。雖然過去已研發出的像是燃料酒精、氫氣、沼氣和生質柴油等生質能源，多半因生產成本較高，或生產技術仍未成熟，目前仍未推廣採用。但生質能源不僅可做為替代能源，還具有以太陽光為主要能量來源、不會消耗殆盡、減低環境污染等這些兼具經濟利用和環境保護的特性，因此生質能源的開發仍舊是未來相當可行的替代燃料。

環境保護與生物科技

生物科技 ＋ 生態學 ＋ 環境工程 ＋ 環境毒物學 …

↓ 發展

環境生物科技

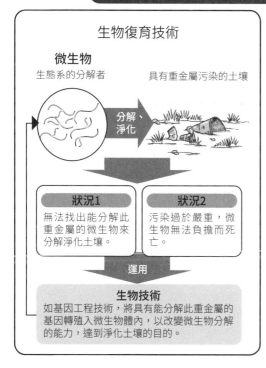

生物復育技術

微生物
生態系的分解者

具有重金屬污染的土壤

分解、淨化

狀況1
無法找出能分解此重金屬的微生物來分解淨化土壤。

狀況2
污染過於嚴重，微生物無法負擔而死亡。

運用

生物技術
如基因工程技術，將具有能分解此重金屬的基因轉殖入微生物體內，以改變微生物分解的能力，達到淨化土壤的目的。

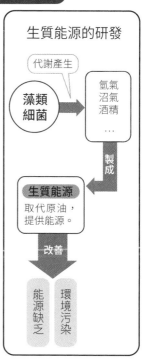

生質能源的研發

代謝產生

藻類細菌 → 氫氣 沼氣 酒精 …

製成

生質能源
取代原油，提供能源。

改善

能源缺乏 環境污染

生物科技的爭議

雖然生物科技是未來的一顆耀眼新星，已促進許多領域大幅的進展，但也引起社會上許多的爭議，像是基因改造作物長期食用是否會造成危害，或是改造的生物體或基因是否能夠申請專利等，都是相應而生的議題，且至今仍不斷地被討論著。

對環境和健康潛藏著未知風險

　　新興的科技固然總是令人寄予無窮的期待，但過於樂觀地崇拜科技帶來的便利，往往容易忽略背後可能潛伏的危害。像過去發展出化學合成的殺草劑、殺蟲劑，可以輕易解決雜草或蟲害問題，但卻在未了解其對環境的影響和威脅下即大量使用，最後不僅威脅生物的健康，甚至對整個生態系造成莫大的衝擊。然而，人們多半在環境問題浮出檯面，才開始尋求解決辦法，但已經造成的危害卻是無法挽回，例如越戰當時，美軍為破壞叢林而噴灑大量的落葉劑，其中包含的有毒成分造成了千萬名越南人罹癌、流產或生下畸形兒，且經數十年仍未消失。這些前車之鑑都不斷提醒著，在科技發展的同時，反思科技是否隱藏著不可預知的危害，應被視為人類文明發展的第一要務。

　　因此，當科學家發展出基因改造作物，將抗蟲害、抗除草劑或增加營養價值等特性的基因植入作物中，來減少化學藥劑的噴灑，降低造成的污染，並改善糧食缺乏的同時，便引起了多方的質疑，例如栽種這些基因改造作物時，可能會透過與附近植物雜交，而將其中具抗蟲、抗除草劑等特性的基因傳遞於周邊的雜草，影響原本生態系的平衡。另外，經基因改造的作物被人類食用後，是否會影響人體健康的疑慮，更讓許多人認為在風險不明之下，著實不該讓人們食用基因改造過的食物。但即便如此，在經濟與民生考量下，有些國家仍廣泛種植基因改造作物，因此國際上便已制定了生物安全條約，來管制這些基因改造作物和產品的採用和進出口，避免有環境和人體危害之虞，並且規定此類產品必須清楚標示出「基因改造產品」，以供消費者選擇是否購買和食用。

專利權保障衍生物問題

　　一般在研發出新產品後，發明者必須透過專利的申請來保障自身權益，因此同樣地，那些透過生物科技所研發的產品也應透過專利的申請，才能藉由法律賦予獨占的地位，保障發明者的權益，並獲取相當的經濟利益。然而這專利權的設置應用在生技產品的研發上，卻更加凸顯生技產品潛在的諸多問題。就如專利權很可能成為廠商獨占市場的工具，尤其生物科技的材料或產品多為生物體或其代謝產物，且又以糧食和醫療用途為主，倘若廠商為獲取具專利產品的經濟利益，而壟斷原料來源和產品價格，如此一來便會危害大眾的利益，無

法取得低廉且足夠的糧食或醫療品，貧窮的第三世界國家影響甚劇。

另外，產品一旦設置了專利，即無法隨意取得和利用，可能會因此阻礙了學術的發展，因此這些生物體或是其基因如發展基因檢測所使用到的DNA序列是否可以為個人的獨有財產等情形仍有許多爭議。由此衍生的複雜問題可知一般的專利法已難以適用於這類生物科技產品，必須集合生物科技與法律專業的人才來共同制定新的規範，且此規範必須能隨著科技發展而因時制宜，才能持續維持發明者與大眾利益之間最佳的平衡。

生物科技引發的爭議

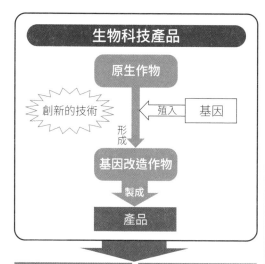

生物科技產品

原生作物

創新的技術

基因 → 殖入

形成

基因改造作物

製成

產品

帶來的益處

● 抗蟲害、抗殺草劑的作物，可提高作物收成。

● 減少農藥的噴灑，降低對環境的污染。

● 使作物的營養價值提高，改善糧食缺乏的問題。

…

引發的疑慮

● 食用後，是否會影響人體健康？

● 是否會破壞環境，影響生態系的平衡？

…

專利權保障範圍

新基因

但科學家建構出的新基因，是否能受專利保障？

新品種

但人工創造的新品種，是否能受專利保障？

新技術

但研發產品的新技術，是否能受專利保障？

新產品

但利用此基因改造作物所製成的產品，是否能受專利保障？

爭議

既有的專利權保障將使生物技術、成就成為一些企業圖利、壟斷市場的工具。

再者，也會使研究材料不易取得，造成學術發展上的阻礙。

…

生物科技與倫理

倫理是人類用來判斷事情該做與不該做的道德哲學，而以有生命的生物做為實驗對象且易觸及生命製成的生物科技，即可能因涉及生命權的侵害，引發關乎倫理道德之爭議，如此一來，便考驗著人類在追求知識、利益和維護生命權間利用生命之必要性和正當性的取捨。

以生命的本質建立生物倫理

　　生命的本質是什麼？以生物學來說，生命即是具有代謝、生長、繁殖、感應等現象，但是在哲學上，抑或是神學上，則又以不同的定義來認知生命的本質，因此可知其各自所認為的倫理與道德尺度亦會不盡相同。例如有人認為拿動物來做實驗，相當殘忍且不應該被允許，但也有人認為以動物做實驗是以救人為目的，是不得已的，這類的討論沒有對錯，只是立場不同，因此要訂定一個能夠普遍被接受的規範便是一件相當困難的事。

　　以採用生物為材料的生物科技來說，雖然其為人類帶來相當大的改變，包括生活上的食衣住行，但卻也直接衝擊了人類社會的原始結構，像是一九七八年誕生的第一位試管嬰兒就曾造成社會各界廣泛的討論。人工生殖技術在當時被認為會造成人類親屬關係的混亂，造成輿論的恐慌，但經由一些規範的訂定，現在則已成了治療不孕症的一種技術，普遍地被接受了。因此，雖然生物技術不斷進步，但其前進的同時也必須考量其對社會倫理的衝擊、對道德與價值觀的挑戰、對生態環境的影響，且正視高科技的高風險性，多方徵詢社會科學等領域專家之意見而有所調整，使科技的進步是符合社會期待並且尊重生命，不該在未知風險的情況下，為了獲取經濟利益而犧牲大眾的健康。

複製動物與胚胎幹細胞

　　同樣的，應用胚胎複製技術來複製出具生殖能力的個體亦受到相當大的爭議。自一九九七年，世界上發表複製出第一隻複製動物桃莉羊時，社會上除了對生物技術的潛力感到驚訝外，也產生了諸多疑慮，尤其對於下一步是否就會有複製人誕生的臆測，更是造成了社會上很大的恐慌。在神學上認為人不應該僭越神的職責創造生命；而從法律觀點來看，複製人破壞了親屬結構，到底人與複製人哪一個才具有法律的行使權？當無法以任何特徵區分兩個人的時候，對犯罪偵查所產生的疑慮；甚至複製人的人權該如何保障…等問題開始不斷地被討論著。因此在社會上還未形成共識前，為避免造成世界輿論的恐慌，從二〇〇一年開始，許多國家已陸續立法禁止各種形式的複製人類研究，而部分國家還包括禁止利用能發育形成生命個體的胚胎幹細胞進行治療性研究。

　　反對利用胚胎幹細胞做治療性的研究，同樣源於對「胚胎」是否為一個生

命個體的認定立場差異而來。從法律角度認為當嬰兒出生有了呼吸才認定為生命個體，但以宗教的角度則認為一旦達成受精形成胚胎，即算是生命個體。雖然胚胎幹細胞還未發育形成個體，然而一旦取用胚胎幹細胞，便可能出現以人為僭越生命的生成，有違倫理價值，因此宗教家與部分學者反對進行這類實驗。但支持者則是認為這類研究只是採用了人工生殖多餘的胚胎細胞進行研究，並不涉及生命的危害，因為有部分科學家認為在胚胎時期只是將來可能發展成個體的一群細胞，並不算是個生命體，且胚胎幹細胞的研究能貢獻於許多疾病的治療，如帕金森氏症等細胞運作異常的疾病，而能促進人類的福祉。至今爭論仍不斷，雖然聯合國已發表聲明，建議禁止相關研究，但因各國對胚胎複製和幹細胞的研究認同有所差異，致使在規範上亦有所不同，國際間至今亦尚無明確的共識。

生物科技與倫理道德議題

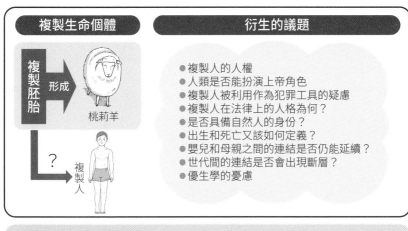

複製生命個體

複製胚胎 → 形成 桃莉羊

? → 複製人

衍生的議題

- 複製人的人權
- 人類是否能扮演上帝角色
- 複製人被利用作為犯罪工具的疑慮
- 複製人在法律上的人格為何？
- 是否具備自然人的身份？
- 出生和死亡又該如何定義？
- 嬰兒和母親之間的連結是否仍能延續？
- 世代間的連結是否會出現斷層？
- 優生學的憂慮

複製生命個體

胚胎 → 生命 or 非生命

? → 研究材料

可做為研究材料？

- 人類胚胎幹細胞是否為生命個體
- 以此為實驗材料是否踐踏了人類的尊嚴
- 反墮胎合法化
- 反對干預自然
- 胚胎的生命權

李 銘杰　Chapter2 生命的基本單位——細胞
　　　　　　●生命的能量需求
　　　　　Chapter4 維持生命的基礎條件2：循環與免疫
　　　　　Chapter5 生命的延續：生殖與遺傳

高 慧芸　Chapter2 生命的基本單位——細胞
　　　　　　●生物的代謝
　　　　　Chapter3 維持生命的基礎條件1：生理恆定

林 峻宇　Chapter1 生命科學基礎概念
　　　　　　●生命科學的演進
　　　　　　●生命科學的研究發展及相關議題
　　　　　Chapter8 生物的分類

陳 弘昕　Chapter1 生命科學基礎概念
　　　　　　●生命的起源
　　　　　Chapter2 生命的基本單位——細胞
　　　　　　●生命的基本單位
　　　　　Chapter7 改變：從演化開始

傅 珀瑩　Chapter2 生命的基本單位——細胞
　　　　　　●組成生命的分子
　　　　　Chapter9 現代發展——生物科技

林 俸瑜　Chapter1 生命科學基礎概念
　　　　　　●生命的特質
　　　　　Chapter6 生命與環境：生態系

江 君理　Chapter1 生命科學基礎概念
　　　　　　●生命與生命科學

劉 思廷　Chapter2 生命的基本單位——細胞
　　　　　　●細胞的種類

國家圖書館出版品預行編目資料

圖解生命科學 更新版/ 李銘杰, 高慧芸, 林峻宇, 陳弘昕, 傅珀瑩, 林倖瑜, 江君理, 劉思廷, 易博士編輯部作. -- 修訂一版. -- 臺北市：易博士文化, 城邦文化事業股份有限公司出版：英屬蓋曼群島商家庭傳媒股份有限公司城邦分公司發行, 2022.11
　　面；　公分
ISBN 978-986-480-251-7(平裝)

1.CST: 生命科學
360　　　　　　　　　　　　　　　　　　　111017069

圖解生命科學 更新版

作　　　　者／ 李銘杰、高慧芸、林峻宇、陳弘昕、傅珀瑩、
　　　　　　　林倖瑜、江君理、劉思廷、易博士編輯部
企 畫 提 案／ 蕭麗媛
企 畫 監 製／ 蕭麗媛
初 版 編 輯／ 孫旻璇
修訂一版編輯／ 鄭雁聿

業 務 副 理／ 羅越華
總 編 輯／ 蕭麗媛
視 覺 總 監／ 陳栩椿
發 行 人／ 何飛鵬
出　　　　版／ 易博士文化
　　　　　　　城邦文化事業股份有限公司
　　　　　　　台北市中山區民生東路二段141號8樓
　　　　　　　電話：(02) 2500-7008　　傳真：(02) 2502-7676
　　　　　　　E-mail：ct_easybooks@hmg.com.tw
發　　　　行／ 英屬蓋曼群島商家庭傳媒股份有限公司城邦分公司
　　　　　　　台北市中山區民生東路二段141號11樓
　　　　　　　書蟲客服服務專線：(02) 2500-7718、2500-7719
　　　　　　　服務時間：週一至週五上午09:30-12:00；下午13:30-17:00
　　　　　　　24小時傳真服務：(02) 2500-1990、2500-1991
　　　　　　　讀者服務信箱：service@readingclub.com.tw
　　　　　　　劃撥帳號：19863813
　　　　　　　戶名：書蟲股份有限公司
香 港 發 行 所／ 城邦（香港）出版集團有限公司
　　　　　　　香港灣仔駱克道193號東超商業中心1樓
　　　　　　　電話：(852) 2508-6231　　傳真：(852) 2578-9337
　　　　　　　E-mail：hkcite@biznetvigator.com
馬 新 發 行 所／ 城邦(馬新)出版集團Cite(M)Sdn.Bhd.
　　　　　　　41,Jalan Radin Anum,Bandar Baru Sri Petaling,57000 Kuala Lumpru,Malaysia.
　　　　　　　電話：(603)9056-3833 傳真：(603)9057-6622
　　　　　　　E-mail：services@cite.my

製 版 印 刷／ 卡樂彩色製版印刷有限公司

■ 2011年10月13日 初版
■ 2022年11月15日 修訂一版
ISBN 978-986-480-251-7
定價350元　HK$ 117

城邦讀書花園
www.cite.com.tw